U0142735

揭露新聞中與
生活有關的化學常識

高憲明◎著

毒家報導

口服膠原蛋白
螢光劑
人工合成甜味劑
瘦肉精
食用色素
反式脂肪

還原最真實的新聞報導
解開對報導內容的疑惑
一網打盡生活中潛藏的化學危機

五南圖書出版公司 印行

　　臺灣素有美食天堂之稱,什麼食材都可以造就出令人垂涎的佳餚,然而近年來黑心食品不斷地被披露,美牛、國內豬、鴨、鵝肉瘦肉精的使用與殘留問題、飲料中的塑化劑風波及奶粉添加三聚氰胺等議題,在在使得社會大眾對於食品的添加物感到不安與惶恐,也使得美食天堂的美名蒙上一層陰影,這些添加物大多是化學物質,更因此誤導社會大眾對「化學」的惡毒印象。不可諱言地化學成就了人類現代的文明,除了帶給人們生活上的便利以外,相對的,不當的濫用或誤用化學物質確實衍生不少意想不到的問題,發現與矯正這些問題都需要不斷地實驗研究,有時候甚至要付出慘痛的代價。尤其對一些具爭議性的問題,更需具有基本的化學知識作為憑據。本書有鑑於此,蒐集近年來社會大眾所關心的生活健康相關的新聞報導,以十個課程的方式,逐一講解這些化學物質的特性與結構,有別於一般的科普教育的書籍,本書對於所提及的分子,一定會附以結構加以說明,因為分子的結構對於我們了解這些物質的特性是非常重要的,譬如胡蘿蔔素和維他命E這類的抗氧化物為何是自由基的剋星,都和它們的分子結構有著密不可分的關係,本書也以說書的方式介紹各種化學物質的歷史典故,透過自身的小家庭中日常生活的輕鬆對話方式娓娓道來每一個主題,並以輕鬆幽默的口吻解釋複雜的化學過程,希望透過這種詼諧的方式,讓讀者了解到化學也可以這麼輕鬆。本書的十個課程儘可能涵蓋日常與我們切身相關的化學問題,尤其是在食品化學上多有著墨,但恐有未盡周詳之處,尚請諸位先進指教!

中央大學化學系教授

高憲明

在中央大學化學系的一次聚會中，高憲明教授高興地告訴我，他為了教核心通識課程「化學與生活」，平日蒐集了許多與教材相關的資料，並且彙整撰寫教科書，即將完成，書名是《毒家報導——揭露新聞中與生活有關的化學常識》。我聽了之後感到非常高興與佩服，高教授的學問廣博，是固態核磁共振、多孔材料與觸媒化學的專家，教學與研究的成果都非常豐碩。平日很關注社會上與化學相關的議題，也曾有撰寫暢銷教學書籍的經驗。

這本書分成十個課程，每一個課程的標題都很有趣，譬如：酚酚擾擾的「苯酚類」、生活辛「酸」報你知、食在不「胺」心、恰如其分的「關鍵金屬」等。每一個課程包含大約十個主題，每一個主題的名稱都很有創意，譬如：你有烷沒烷的「三鹵甲烷」、風味猶「醇」、「醚」倒眾生、永垂不朽的「福馬林」、還我英雄本色的「蝦紅素」、燃燒自己照亮別人的「抗氧化劑」、兩邊都討好的「兩性型界面活性劑」等，每一項標題都很能夠吸引讀者的注意。課文內容針對大家關心而且與生活息息相關的重要議題，深入淺出地說明，文筆通順活潑，圖文並茂，是一本非常好的教科書，不僅對中央大學的通識教育而且對全民的化學科普教育都有很大的助益。

近年來中央大學的通識教育有很大的改革，學校投入許多資源鼓勵優秀教師開設核心通識課程，每學期大約 25 至 30 門課，可分為四個領域，包括「人文與思想」、「自然科學」、「應用科學」與「社會思潮與現象」，所有課程皆由中大專任教師開設，並且設置一個委員會審核以確保課程品質。這個改進與努力受到教育部的肯定，中大

因此榮獲通識領航學校的殊榮。在規劃核心通識課程之初，學校即鼓勵教師撰寫教材，高憲明教授的這本書不但對國內的科普教育很有幫助，而且是中央大學通識教育發展過程中的一項重要具體成果。

中央大學副校長

李光華

　　在現代科學進步發達的社會中，近年來看到各種疾病（腦中風、心肌梗塞、糖尿病等）或癌症（乳癌、肺癌、大腸癌等）發生的年輕化趨勢，導致許多個人或家庭受到相當大的衝擊；危險的「三高」（高血壓、高血糖及高血脂）代謝症候群已廣為人知，除了生活方式與形態的因素之外，日常的飲食內容與模式就成了主要的危險因子，即所謂的「病從口入」。另外，「致病原」亦可經由皮膚的接觸或呼吸道進入人體，與人體的細胞組織產生交互作用而致病。值得注意的是，致病原除了「有生命」的細菌、病毒、黴菌與寄生蟲之外，「無生命」的各種化學物質致病原，卻是在無形中、無聲無息地影響了我們的健康。

　　臨床上常常面對的是各種病患到醫院來接受診斷與治療；然而，有句話說得好：「預防勝於治療」，做好在尚未生病前注意保養的「預防」工作，遠比生病後再到醫院尋求診治的「治療」結果要來得好；因為有許多疾病至今仍是醫學無法處理的問題。

　　「吃得健康、活得健康」於是變成了頗為重要的議題！所以，我們必須認識食、衣、住、行、育、樂中，各種可能接觸並進入人體的化學物質（致病原），方可避免慢性致病而不自知。

　　高憲明教授任教於中央大學，學術上的成就相當傑出，執筆本書更是發揮了化繁為簡的精神，深入淺出，讓學生或是一般讀者能夠在生動有趣的氛圍中，了解更多原本可能乏味、但是卻重要，並可能影響你我生活的化學知識。讀完本書，相信在未來各式新聞媒體報導的相關內容上，更容易理解。俗話說，「恐懼」往往來自於「無知」，

有的事情在了解清楚之後便不會那麼惶恐，事實也不容易被扭曲與操控了。

這是一本值得推薦的好書。

三軍總醫院神經外科醫師

吳豪揚

　　最近幾年，「食」在不安心的各項新聞廣為社會大眾所熟知：如塑化劑、瘦肉精等消息，發生事件之所以引起廣泛的撻伐與議論，就是因為這些添加物可能會影響我們的健康。其實，在沒有冷藏設備的古代，也有利用風乾、發酵、醃漬等方法來避免細菌滋生造成食物中毒，例如臘肉、魚乾、葡萄乾、乳酪、火腿、蔭瓜等。而現代因為科技的進步，除了一般生鮮的植物或動物類食物，需要靠冷藏、冷凍等方式保存外，額外添加化學物質以增進食物的保存及其食用性也相當普遍。

　　食品添加物的存在，其目的不外乎為了：延長保存期限（防腐劑、殺菌劑、抗氧化劑）、營養添加劑（維他命）、外觀調整（保色劑、食用色素、漂白劑）、口感調整（膨鬆劑、調味劑、黏稠劑）或是方便製造（溶劑、乳化劑、酸鹼或水分調整劑）等。食品添加物的使用雖然都有其功能性，且也有標準劑量的限制，但也不乏有研究證實，過多地攝取加工食品或不當地烹調方式都會造成致癌的危險。

　　近年來，有機食品的生產盛行並受到民眾的歡迎與關注，主要也是對於「非天然的」（如農藥、環境荷爾蒙或食品添加物等）化學物質的懼怕，所以要能遠離毒害，獲得健康，了解食物的特性與添加物，並有正確選擇食物的觀念，就顯得格外重要了。想想，古代的人看到天上的哈雷彗星（火球），可能會舉行儀式跪地拜天，求老天別發怒，因為擔心會有災難降臨；而今，大家都知道那是難得一見的天文景象，每隔76年才有機會見到一次，還積極地想辦法去觀察它呢！我想這中間之所以會有這麼大的差別，就是因為不了解。

　　日常生活中的點點滴滴都脫離不了「化學」，閱讀高教授撰寫的

這一本書《毒家報導——揭露新聞中與生活有關的化學常識》，讓我們更容易理解生活中必備的化學知識，非常實用。了解之後，就能學會做選擇，尤其對於每日關心並處理家人「食」的問題的朋友們，就能更加安心啦！

前台北市政府教育局營養師

潘若玫

Contents 目 錄

第一課　有機化學漫漫談

　　阿明是一位化學博士，自栩是個老外，因為他三餐經常在外，有一天他對老婆小潘潘說：「老婆大人，近幾年來接連爆發一連串黑心食品的事件，如三聚氰胺毒奶粉事件、塑化劑風波等，外面賣的東西真的不能隨便再亂吃了。」小潘潘聽了覺得蠻有道理的，於是乎向阿明說了一句：「那好吧！我們以後都吃『有機』的食品。」阿明心想這有機食品該不會跟他學的有機化學一樣吧！小潘潘急忙說：「有機蔬菜是不灑化學肥料、沒有農藥殘留的；但是你說的有機化學是什麼，我可是一竅不通。」阿明於是說：「老婆大人，一切妳放心，待我來說分明什麼是有機化學！」

　　日常生活中很多的物質都是由碳（元素符號：C）作為核心元素所組成的，這類以碳為主體的物質概稱它們為有機化合物。德國化學家庫克萊（Kekule）於 1861 年將有機化學定義為「碳化合物的化學」。除了與自己本身鍵結之外，碳也會與其他許多元素（如氫（H）、氮（N）、氧（O）、硫（S）、氯（Cl）、氟（F）等）形成鍵結，所以不同的排列組合便可形成許多各式各樣含碳的化合物。這就如同我們一個人有兩隻手和兩隻腳，如與他人接觸的話，可以透過這四個接觸點。如果主要是由碳和氫所組成的化合物則稱之為碳氫化合物（hydrocarbons），因為每一個碳原子有四個價電子，所以一個碳原子最多可與其他四個原子形成四個鍵結，每一個鍵結都需要兩個電子，就如同兩個人握手時，一定是每一個人各出一隻手一樣，這樣的鍵結稱為共價鍵。

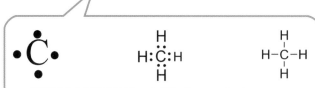

一個碳有四個價電子，以點「·」表示，
以甲烷（CH_4）為例，碳與四個氫各出一個電子而
形成四個鍵結，每一個鍵結含兩個電子，
以「—」表示。

一個人可以伸出
雙手雙腳，看作
有四個價電子。

　　若是碳氫化合物中所有的碳和碳之間的鍵結都是單鍵的話，則稱作是
飽和的碳氫化合物，所謂飽和的意思就是容不下他人，沒有能力再形成其
他鍵結了；而如果含碳與碳之間有雙鍵或參鍵的話，則稱作是不飽和的碳
氫化合物。日常生活的食用油就是脂肪酸，脂肪酸可分成飽和脂肪酸和不
飽和脂肪酸，豬油含有大量的飽和脂肪酸，而植物油多含不飽和脂肪酸，
中間最大的差異在於這些食用油的分子結構中有無碳與碳的雙鍵。脂肪酸
的相關問題在第四課會有詳盡的解說。

　　飽和的碳氫化合物稱為烷類（alkanes），最簡單的烷類是含有一個碳
而已，所以稱為「甲」烷（methane，分子式為 CH_4），它是天然氣的主
要成分，甲烷分子包含一個碳原子與四個氫原子鍵結在一起，如上圖所
示。中文名稱是以甲、乙、丙、丁等天干地支的順序代表碳氫化合物分子
中碳的數目。

　　我們平常在桶裝瓦斯裡面裝填的是丙烷（propane, C_3H_8），抽菸時
所用的打火機和燒烤店所使用的小瓦斯，裡面裝的燃料是液體的丁烷
（butane, C_4H_{10}）。

打火機和燒烤的小瓦斯
裡面裝填的液體是丁烷。

去漬油中的主要成分有正
戊烷、正己烷和正庚烷。

　　當碳的數目達到四個以上，兩個分子可能有相同的原子種類和數目，但卻有不同的鍵結排列方式，便會形成所謂的**結構異構物**（structural isomers）。例如：丁烷可以是直鏈的分子稱為正丁烷，或是有支鏈的結構稱為異丁烷。**結構異構物就好比是同父異母的兄弟一樣。**

$H_3C-CH_2-CH_2-CH_3$

正丁烷是四個碳連成直
鏈的。

$$\underset{\underset{H}{\displaystyle|}}{\overset{\overset{CH_3}{\displaystyle|}}{H_3C-C-CH_3}}$$

異丁烷是以三個碳為直鏈，有一個碳
當作支鏈。

　　正己烷是乾洗衣服常用的溶劑，去漬油中的主要成分有正戊烷、正己烷和正庚烷。因為在烷類中的 C－C 和 C－H 鍵算是蠻強的，所以烷類不易起化學反應，烷類一般不會與酸、鹼或強的氧化劑反應。但如果是在高溫時，烷類會與空氣中的氧氣激烈地反應，這種就是我們平常所說的燃燒，因此烷類常作為燃料使用。

網傳食用油殘留己烷恐傷身【2017-09新聞】

近來通訊軟體流傳市售食用油品在製造過程中，所使用的加工助劑己烷會殘留在油品中，食用後會導致健康受損。衛福部食藥署經抽驗20件市售油品結果顯示全數合格，請民眾放心食用。己烷（Hexane）可合法使用於食用油脂的萃取，容許殘留量為0.1 ppm以下。

烷類的氫原子可能被不同原子所取代，這種反應稱為取代反應。烷類與鹵素分子的取代反應可表示如下：

$$R-H \quad + \quad X_2 \quad \rightarrow \quad R-X \quad + \quad HX$$

烷類　　　鹵素分子　　　鹵烷類　　　鹵化氫

其中 R 代表碳氫鏈段。

主題一　你有烷沒烷的「三鹵甲烷」

小潘潘問阿明說：「我們家什麼時候要裝濾水器呢？聽說自來水都用氯消毒，可能會有氯仿殘留，聽起來很恐怖呢！」阿明說：「遵命，老婆大人，活性碳濾水器的吸附效果好像不錯。之前好像有看過這樣的報導，且讓我來查一查為什麼自來水用氯氣消毒會產生氯仿。」

電鍋自來水　蒸氣多「氯」致癌？【2012-02新聞】

近來網路流傳，使用電鍋烹煮食物時加水，因為鍋蓋蓋著，水中的氯氣散不掉，導致釋出三鹵甲烷而覆蓋在食物上，可能因此致癌。專家表示電鍋烹煮食物需 30 分鐘，加上電鍋有氣孔，氯可以由此排出，所以三鹵甲烷的量應該非常少。

自來水會產生氯仿，那洗澡時會致癌嗎？【2016-03；2017-02新聞】
　　因自來水中加氯所伴隨產生的氯仿是致癌物，所以近來網路謠傳在密閉空間中洗澡愈久，經由呼吸和皮膚吸入的氯仿量愈多，洗澡時間如果超過13分鐘就有危險，研究號稱每百萬人會有12人因此致癌。

　　三鹵甲烷顧名思義就是甲烷中有三個鹵素原子，但是甲烷已經是飽和的，所以只能夠是甲烷中四個氫原子中有三個被鹵素原子所取代，這些常見鹵素如氯或溴（Br）。雖然三鹵甲烷在自然的狀態它不會存於水裡，但因為我們在淨水廠時會加入氯氣（Cl_2）做消毒的動作，氯氣是一種黃綠色嗆鼻的氣體，我們常看到剛消好毒的游泳池的水是有一點黃綠色的，氯的殺菌效果非常好，但是添加氯氣會使得水中存在的有機物（即碳氫化合物）有機會和氯氣產生一連串的取代反應，而主要的生成物就是氯仿（$CHCl_3$）。烷類與鹵素分子的取代反應是先利用太陽光提供打斷氯氣中 $Cl-Cl$ 鍵所需要的能量，進而生成氯原子（即 $Cl\cdot$）：

$$Cl_2 \xrightarrow{\text{光}} Cl\cdot + Cl\cdot$$

氯原子有一未成對的電子，此電子以「・」表之，這樣含有一個未成對的電子的分子或原子基團稱為自由基（free radicals），此自由的電子使得氯原子的反應性非常高，這是自由基的特性，它能夠打斷 $C-H$ 鍵，並進行一連串的連鎖反應如下，這有點像骨牌效應，一個骨牌倒下（即產生自由基），便會觸發後面一連串的骨牌倒下的效應：

$$CH_4 \xrightarrow[Cl\cdot]{\text{光}} \underset{\text{氯甲烷}}{CH_3Cl} \xrightarrow[Cl\cdot]{\text{光}} \underset{\text{二氯甲烷}}{CH_2Cl_2} \xrightarrow[Cl\cdot]{\text{光}} \underset{\text{三氯甲烷（氯仿）}}{CHCl_3}$$

所以自來水經加氯消毒後，水中是可能含有氯仿，氯仿是一種三鹵甲烷，

它是很好的溶劑，過去也曾被使用作為麻醉劑，可以使人失去知覺，但是如果長期暴露於氯仿的環境中，可能造成腎和肝的損害。但是老實講，氯仿在水中的量是非常低的，對我們健康的影響應該是不成問題的。反而是如果不用氯氣消毒自來水，我們所冒的風險更大。如果還是擔心飲用水含有殘餘的氯仿問題，只要將飲用水先煮沸五分鐘以上，蓋子打開、讓水中可能含有的氯仿先揮發掉就可以了。

自來水中餘氯與三氯甲烷的含量都非常低，臨床上三氯甲烷中毒的患者，多是因為長期在有高濃度三氯甲烷的工作環境所導致的；倒是有一些是洗澡過久而昏倒的案例，但卻是浴室通風不良的關係。

Q1：市面上流行用所謂的「餘氯測試劑OTO」偵測自來水中的餘氯，並流傳蔬果如芭樂會吸收水中的餘氯，所以我們的皮膚也會吸收到這些水中的餘氯嗎？

A1：餘氯測試劑OTO的全名是o-toluidine，它是透明沒有顏色，但是滴幾滴於自來水中，馬上就會變成黃色，這是因為水中的餘氯已經將OTO氧化，如果此時將切好的芭樂（奇異果也可以）放入黃色的水中，過不久黃色的水又馬上變成透明沒有顏色了，這並不是因為芭樂會吸收水中的餘氯，此時水中的餘氯老早已經被OTO還原成氯離子了，而是氧化態的OTO（黃色）與芭樂中的維他命C進行氧化還原反應，氧化態的OTO（黃色）被還原成原來的OTO（無色）。因此不用擔心我們的皮膚會吸收水中的餘氯，否則當你游泳完之後，豈不是變成氯巨人了嗎？

主題二　汽油的關鍵數字「辛烷值」

　　小庭是阿明的六歲女兒，有一天阿明去加汽油，加油人員問說：「要加什麼油？」阿明隨口一答：「九五」，只聽小庭大聲叫說：「爸爸，什麼是九五？」阿明說：「這些數字的意義和汽油的組成和好壞有關，待我細說分明。」

柴油車誤加95，加油站員工判賠【2018-06新聞】
　　一名加油站員工上班僅10多天，錯把95無鉛汽油加到柴油車內，害加油站慘賠24萬餘元修車費，加油站向她求償10萬元。

　　汽油的好壞以辛烷值（octane number）作為指標，因為辛烷是汽油中主要的碳氫化合物，這時候你應該猜得到辛烷有幾個碳了吧！請記住「辛」是天干地支的第八個字，所以辛烷有八個碳。異辛烷是具有支鏈的碳氫化合物，在碳與碳之間的單鍵兩端的原子是可以轉來轉去的，所以分子可以捲曲成球狀，好像是一個丸子，因此接觸面積相對小，燃燒不會因為太過快速而產生引擎的爆震，因此將異辛烷的辛烷值定為 100。反之，正庚烷是直鏈的碳氫化合物，因為分子的接觸面積大，燃燒得很快，形同爆炸一樣，因此會引起引擎的爆震，正庚烷的辛烷值定為 0。異辛烷和正庚烷的結構如下：

異辛烷的分子可以捲曲成球狀
辛烷值：100

正庚烷是直鏈的，分子的接觸面積大
辛烷值：0

汽油的分類即是依其所含的異辛烷和正庚烷的比例而有所謂 92、95、98
的區分，這些數字並不是依照年代喔！例如 95 汽油代表著汽油與含有
95% 異辛烷及 5% 正庚烷的汽油對引擎的爆震程度相當，辛烷值愈高，抗
震能力愈大，油的品質愈好。柴油則主要是含有十六個碳的烷類。

主題三　「烯」鬆不平常的「烯類」

　　最近香蕉很便宜，阿明於是挑了一串又大又黃的香蕉要買，這時小潘
潘突然阻止他，心想這麼漂亮的香蕉會不會是被催熟的，於是私下問阿明
說：「這香蕉要怎麼催熟呢？」阿明這下被難倒了，又得趕緊做功課囉！
後來總算了解原來是乙烯搞的鬼。

 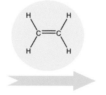 

催熟前的香蕉　　　　　　　　　　　　　　　經乙烯催熟後的香蕉

　　相關的報導如下：

市售水果多數添加催熟劑，食用催熟的水果安全嗎？【2017-11新聞】
　　近日網路流傳食用催熟的水果不安全，農委會農試所指出催熟
是使用可以產生「乙烯」或類似氣體的相關化合物，而乙烯是果實
後熟過程中，本身就會散發出的植物荷爾蒙，因此對人體無害，民
眾可以安心食用。

當碳與碳之間形成雙鍵的碳氫化合物則稱為烯類；如果碳與碳之間是參鍵的話稱為炔類。烯類和炔類兩者都是未飽和的碳氫化合物。差異如下所示：

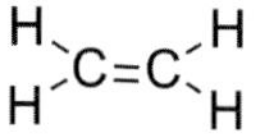

$$H_2C=CH_2$$

乙烯具有碳與碳之間的雙鍵　　　　乙炔具有碳與碳之間的參鍵

$$H-C\equiv C-H$$

最簡單的烯類是乙烯（ethylene, C_2H_4），水果快成熟時會釋放一些乙烯來催熟，乙烯可視為植物荷爾蒙，會激發與成熟有關的代謝作用。在古埃及的時代裡就曾用煤氣使無花果加快成熟，中國人也會使用薰香來催熟梨子，在十九世紀就曾發現煤氣街燈兩旁的樹木，生長得特別的好，後來才了解到原來是燈旁的管線漏出來的煤氣裡有殘留乙烯的緣故。

乙烯是非常重要的工業原料，在第六課的「又愛又恨的塑膠」我們可以看到很多日常使用的塑膠都是乙烯和其衍生物作為起始原料的。因為烯類是未飽和的，所以它的反應性比較強，最重要的反應形式是加成反應（addition reactions），加成反應是將新的原子加在原本雙鍵的碳上而形成單鍵。常見的烯類加成反應是使用氫氣（H_2），在催化劑（如金屬鎳，Ni）的幫助下，將兩個氫原子添加至先前在雙鍵的兩個碳上，這種反應稱為氫化反應（hydrogenation reaction），如下圖所示。烯類分子的氫化反應是相當重要的工業製程，特別是在製造固體酥油及人造奶油。我們所使用的植物油多是未飽和脂肪酸，它們在室溫下是液體，不方便儲存和運輸，但因為它們含有雙鍵，可以藉由氫化反應將液體的未飽和脂肪酸轉換成飽和脂肪酸，飽和脂肪酸在室溫下是固體，因此可以透過這種氫化過

程的程度調製軟硬適中的人造奶油。但唯一的缺點是在氫化過程中這些雙鍵會不聽使喚地由原來的「順式」變成「反式」，造成所謂的反式脂肪，反式脂肪是造成我們心血管疾病的一大兇手，不得不提防。

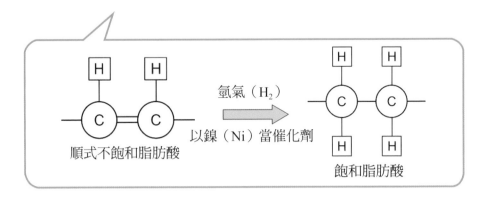

什麼是「順式」和「反式」呢？烷類和烯類最大的差異是烷類中的單鍵可自由旋轉，但烯類中的雙鍵無法旋轉，必須先將雙鍵變成單鍵才可以旋轉。接在雙鍵的原子團是不能自由轉動的，這如同兩個人各出兩隻手互相拉著一起跳舞時，兩個人是沒有辦法轉圈圈的，但如果兩個人各出一隻手互相拉著時，如同單鍵的情況，彼此的身體是可以繞圈圈的。當雙鍵兩邊的原子團不一樣時，因為雙鍵兩邊的原子團無法轉動的緣故，所以會存在兩種不同的結構即順式和反式，如同ㄇ字型和ㄣ字型，如下所示：

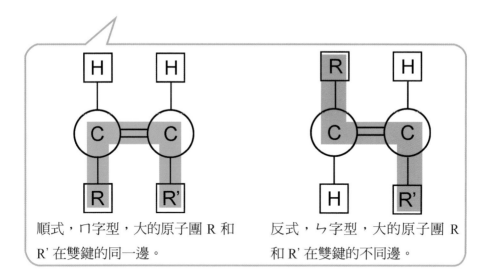

順式，ㄇ字型，大的原子團 R 和 R' 在雙鍵的同一邊。

反式，ㄣ字型，大的原子團 R 和 R' 在雙鍵的不同邊。

通常反式會比順式穩定，因為大的原子團在雙鍵的相反兩邊，比較不那麼擠，不同的原子團就如同冤家，最好大家離得遠遠的（反式的情況），比較不會擠在一起產生衝突。

主題四　溫柔「芳香」的殺手「苯」

　　小潘潘埋怨說：「阿明，我們家又漏雨了，趕快去買防水塗料來做防水。」阿明買了回來，外加一罐小瓶的松香水，小潘潘問說：「這松香水要做什麼用啊？」阿明說：「它是用來作溶劑用的，很香喔，但是你還是最好離它遠一點，它是苯的兄弟，不好惹！」阿明道出以下有關苯的新聞報導：

陸製低價指甲油　驗出致癌苯【2011-06新聞】

　　自中國進口的指甲油,有消費者使用後皮膚紅腫,送驗後驗出致癌物苯。今年改了配方卻又被驗出含有甲苯。衛生署規定指甲油當中不得添加苯等致癌物。

「愈香愈毒」洗衣精揮發毒氣　恐致癌【2011-08新聞】

　　研究指出,添加香味洗衣劑、柔軟精以及除靜電紙,衣物在烘乾時會散發出多種化合物,包括致癌物苯,含有香精或是定香劑洗潔劑,愈香的愈可能有問題。

紙餐盒和衛生紙殘留甲苯【2014-08,12新聞】

　　一家大型紙製餐具公司,使用有毒溶劑甲苯擦拭紙餐盒上的油墨,對食物造成汙染,嚴重者可引起食物中毒。另外發現衛生紙包裝印刷過程中,通常也需添加甲苯等溶劑。

　　苯是一個非常特殊的有機分子,一定要把它搞清楚,否則容易變「笨」喔!它是含有六個碳原子鍵結在一起所形成的環狀分子,每一個碳接有一個氫原子。在六個碳的原子環中,每隔一個單鍵就會有一個雙鍵,含有苯環的化合物稱為芳香族碳氫化合物(Aromatics)。苯的化學式C_6H_6,剛開始苯的結構一直困惑著化學家,於 1865 年德國化學家庫克萊(Kekule)提出苯的環狀結構,聽說他在 1865 年的某一天,在他的書房打瞌睡並作起夢來,在夢境中他彷彿看到由許多原子所組成的「蛇」,蛇頭咬住蛇尾,由六條蛇圍成一個圈圈,因此啟發他提出環狀的苯環結構,看來有時候作一點白日夢是不錯的。

所以苯可畫成以下兩種可能的結構：

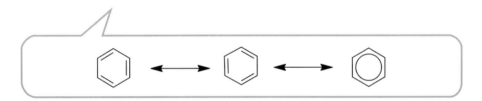

或簡單表示為：

所有苯的原子皆在相同平面上，雙鍵中的電子其實是在平面的上下，形成兩個電子雲，電子雲形狀有點像「甜甜圈」，這種結構整體看起來就像「漢堡」一樣，上下的兩片麵包就是電子雲，中間夾的肉片是六個碳原子形成的平面。苯異常地穩定，這或許就是所謂的「團結力量大」，苯並不像一般的烯類一樣容易進行雙鍵的加成反應或與氧化劑作用。

　　苯是可怕的致癌物質，吸入過量的話會抑制中樞神經系統，是導致血癌的主要元兇。現在的無鉛汽油中其實都含有少量的苯（約 0.2%），所以應該要避免吸一些汽車的廢氣。甲苯是苯環上的一個氫原子被甲基（－CH₃）所取代，常用作溶劑，如松香水就是甲苯，同樣要小心避免接觸或吸入。含有羊毛、棉、絲這類的衣服乾洗所使用的溶劑是甲苯和二甲苯，甲苯和二甲苯具有神經毒性，對神經系統可能造成傷害，頻繁接觸容

易引起噁心、嘔吐，而孕婦吸入大量甲苯，則可能影響胎兒生長。所以乾洗後的衣物要先放在通風處晾乾一下，通常在三十分鐘之後就可以揮發乾淨。

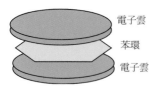

苯環與其電子雲的形狀

甜甜圈形同電子雲的形狀

漢堡形同苯分子與其電子雲的整體形狀

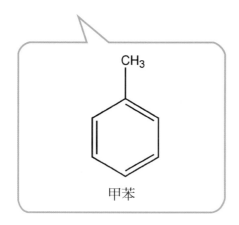

甲苯

松香水

另外，苯環很喜歡玩疊羅漢、搞曖昧的遊戲，當兩個苯環一起環環相扣就變成了萘（naphthalene），過去常用作樟腦丸，現在已經被毒性較小的二氯苯所取代。外面公共廁所的芳香劑大半是二氯苯，它很容易揮發成氣體，但小心它可能造成肝癌和腎臟癌。

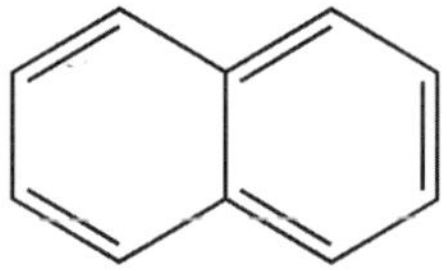

萘 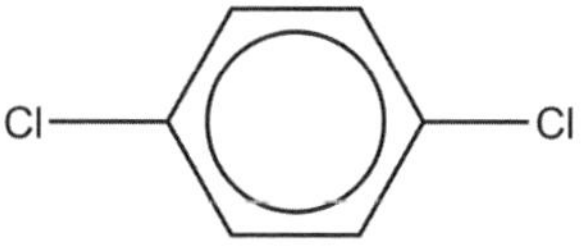　　　　　　　二氯苯 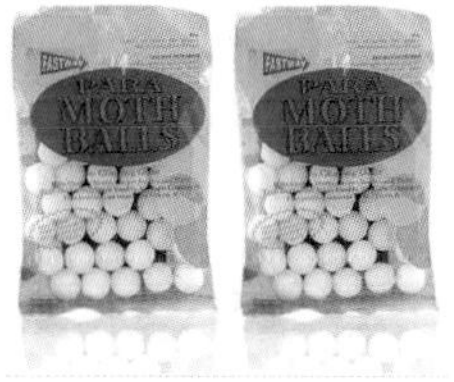　　　　　　　樟腦丸

主題五 **烤焦肉類的隱形殺手「多環芳香烴（ㄊㄧㄥ）類」**

　　現在中秋節流行烤肉，阿明一家人也不例外，但是小潘潘技術不好，常常把肉烤焦了，阿明於是就說烤焦的部分通通不准吃，會致癌的。阿明的三歲兒子阿豆突然冒出一句：「為什麼不可以吃？」六歲的女兒小庭聰明的說：「那下次烤肉時用鋁箔紙先將肉包起來烤好了。」阿明指出以下的新聞報導作為佐證：

中秋烤肉可能暗藏的致癌危機？【2016-06；2017-10新聞】

　　許多人烤肉總喜歡烤到焦香酥脆，但肉類、海鮮類等蛋白質含量高的食物，經高溫燒烤，容易產生多環芳香烴的致癌物質，因此這些食材烤焦後千萬不要吃。

長期吸入多環芳香烴碳氫化合物恐致癌【2018-06新聞】

　　煤炭、燃油、瓦斯、垃圾或其他有機物質如菸草或肉，當燃燒不完全時，就會形成多環芳香烴碳氫化合物（PAHs）。PAHs是空氣懸浮微粒PM 10及細懸浮微粒PM 2.5中最常被研究且毒性最高的危害成分之一。

住家天天燒香，幼兒恐發展遲緩【2018-06新聞】

研究發現，長期不間斷燃香的家庭中，六個月和十八個月大的幼兒在扶持和穩定行走等發展指標明顯落後，研究認為這可能和線香內的多環芳香烴等成分有神經毒性有關。

如果食物被過度加熱或燒焦，會產生一種屬於「多環芳香烴」（Polycyclic Aromatic Hydrocarbons, PAHs）的致癌物質。這種化合物可以看作是多個苯環在「疊羅漢」。可以想像一個苯環就已經夠毒了，四、五個苯環疊在一起，就可想而知了。當這些苯環疊在一起之後，苯環會變得比較不穩定，這跟疊羅漢不太穩的道理是一樣的。早在 1761 年英國的希爾（John Hill）醫師就注意到經常使用鼻菸的人，比較容易得到鼻腔腫瘤，直到後來日本人山極勝三郎（Katsusauro Yamagiwa）總算很有耐心地將雜酚油塗在百隻的兔子上，才終於發現雜酚油裡面含有致癌的化學物質，這類惡名昭彰的致癌物質就是多環芳香烴化合物。

多環芳香烴化合物是最先被認定是致癌物（carcinogen）的一群，其中以 Benzo[a]pyrene （苯芘）最具致癌性，其結構如下圖。當有機物質燃燒不完全時都會發現 Benzo[a]pyrene 的蹤跡，譬如在香煙、煙霧、汽車排氣、腐壞的肉類，它的致癌機制是當它被人體吸入或消化之後，體內的酵素會想辦法將它分解變成更容易代謝的水溶性物質，經過一連串的酵素催化反應之後，Benzo[a]pyrene 會轉變成一種雙醇環氧化物（diol epoxide）。此類雙醇環氧化物會再與 DNA 上的其中一個胺基反應而產生鍵結，因此改變 DNA 的結構而產生細胞的病變，造成癌症。因此，下次中秋節烤肉時要特別小心囉！烤焦的部分千萬不要再吃了吧。

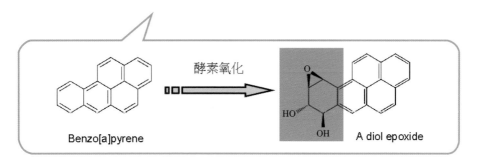

Benzo[a]pyrene 酵素氧化 A diol epoxide

　　WHO早以證實空汙會影響身體健康，但近來臺灣卻常深陷空汙的環境中，空氣汙染物中粒徑小於2.5微米（μm）的粒子，也就是所謂的PM 2.5細懸浮微粒，在空氣中這些微小的汙染顆粒會隨著氣流四處漂浮，容易吸附空氣中各類有毒物質如重金屬、多環芳香烴等，當吸入時會殘留在肺部組織，可能引起氣喘發作、慢性支氣管炎及肺炎等，嚴重時甚至造成肺部的相關癌症。

主題六　發霉花生的「黃麴毒素」

　　阿明吃完晚餐後很喜歡沒事啃花生，味道很香，阿豆和小庭也都來搶著吃，小潘潘提醒阿明說：「花生最好吃帶殼的，不要吃別人已經剝好的，因為那樣的花生容易產生黃麴毒素的致癌物。」阿豆這時候又冒出：「為什麼不可以吃剝好的花生？」

　　隔天一大早，阿明烤了一片吐司，正想塗上香香的花生醬時，小潘潘突然冒出一句：「看一下花生醬有沒有過期，我記得是很久以前買的。」阿明看了一下，果真才剛過期不久，小潘潘就說：「還是不要塗比較保險，可能會有黃麴毒素。」阿明美味的早餐又泡湯了，心想只好去傳統早餐店吃燒餅油條，這樣總可以了吧！但他仍心有不甘，決定要把黃麴毒素和它相關的新聞報導研究清楚。

紅麴米「橘黴素」含量超標【2015-05新聞】

食藥署日前抽驗，發現5件紅麴米「橘黴素」含量超標，紅麴雖然被視為保健食品，不過易因保存不當而孳生橘黴素，一旦長期食用過量，將對肝、腎等器官造成傷害，不可不慎。

抽驗花生酥糖及花生粉，黃麴毒素含量超標【2018-03；2018-05新聞】

抽驗清明節食品 2件花生粉黃麴毒素超標，最高超標10倍；另外發現一件花生酥糖檢出總黃麴毒素含量24.3 ppb，超過標準15 ppb以下。

經常食用味噌會黃麴毒素中毒？【2018-01新聞】

網路謠傳，不要吃包括味噌在內的釀造食物，因為其中含有黃麴毒素。食藥署指出，製作味噌的種麴跟黃麴菌是不同的種類，不會產生黃麴毒素，不必擔心。

常見的花生、花生醬、玉米和五穀堅果類都是黃麴菌和寄生麴菌生長的溫床，尤其是在溫暖潮濕的環境下，很不幸地臺灣就是屬於這樣一種環境，這些黴菌所產生的黃麴毒素（aflatoxin）會破壞肝臟細胞內的基因，進而演變成肝癌。其實早在 1960 年代英國就發生過火雞場所養殖的火雞莫名地得到一種稱為「火雞 X 病」而大量死亡，後來追查才發現原來這些火雞所吃的飼料是從巴西進口的花生，而這些花生都已經產生了黃麴毒素的致癌物質。在 2009 年臺灣也曾發生過流浪狗集體中毒的事件，後來才發現原來是狗飼料含有大量的黃麴毒素的緣故。中國大陸的某些地區（如廣西）和非洲國家如甘比亞、莫三鼻克、塞內加爾和肯亞的肝癌發生率很高，因為這些地區的主食是玉米和花生，它們受到黃麴毒素的汙染情況非常嚴重。

目前已知的黃麴毒素的種類共有 B1、B2、G1 和 G2 四種，其中黃麴

毒素 B1 的結構如下頁所示，也含有一個苯環，要注意它最左手邊氧旁邊的雙鍵（圖中橘黃色標示處），就是它會被肝臟裡的酵素氧化而變成環氧化物，然後再與細胞核中的 DNA 上的其中一個胺基反應而產生鍵結，因此改變 DNA 的結構而產生細胞的病變，造成癌症。這跟多環芳香烴類致癌的機制是如出一轍的。下次記得早餐吃吐司，要塗上花生醬時，記得用完每一次都要封好，而且過期的千萬不要再食用囉！

黃麴毒素（B1）

花生

花生醬

另外一種重要且傳播很廣的黴菌毒素是赭麴毒素（ochratoxin），由赭麴黴菌所產生的代謝產物，經常在穀物中發現，三不五時也在咖啡豆和可可豆發現它的蹤跡。赭麴黴菌的生長溫度為 25℃，濕度為 18.5%。所以農作物在收成後，如何保存乾燥就非常重要。赭麴毒素可分成 A、B、C、D 四種，其中以赭麴毒素 A 毒性最強也最常見，是由黃麴菌類的真菌所產生的。赭麴毒素 A 具有腎臟毒性，可能導致腎功能失調和腎衰竭，更潛在有畸胎性、免疫毒性及致癌性，可能引起腎癌和肝癌。破壞赭麴毒素結構的溫度要高達 200～300℃，所以一般的烹煮是無法將赭麴毒素完全清除的。前一陣子經濟部標準局公布市售熟咖啡豆有兩成被檢驗出含有赭麴毒素，因此喜歡喝咖啡的朋友就要特別小心咖啡豆的來源和保存，以避免喝下殘留的赭麴毒素。

橘黴素（citrinin）是紅麴菌在熟米上發酵過程中伴隨色素的代謝而產

生的毒素，研究指出，橘黴素對動物及人體的肝及腎有危害，它具有致畸性毒性。

主題七　風味猶「醇」、「醚」倒眾生

阿豆最喜歡拿小潘潘的噴霧清潔劑噴呀噴，玩得不亦樂乎，阿明一看到就大聲喝止他，阿明對阿豆說：「這些都含有醇、醚之類的有機化合物，會讓你的過敏氣喘更嚴重。」看來阿豆是有聽沒有懂，直問：「為什麼不能玩？」阿明只好娓娓道來。

如果碳氫化合物含有氫氧基（即$-OH$），則稱為醇類，可用 $R-OH$ 表之，其中 R 代表碳鏈。最簡單的醇類是甲醇（CH_3OH），以前是由木材提煉出來的，所以又稱木精，可作為合成醋酸和許多工業製品的起始原料，因為具有避震的功能，純甲醇已經使用在賽車的汽車引擎上當作燃料，它的優點是產生的一氧化碳廢氣比一般的汽油少。我們常常聽到假酒的新聞，假酒就是添加甲醇的酒精，對人類而言，甲醇是高毒性的，如果吞食會導致失明或致死。

啤酒、紅酒及威士忌這些酒的主要成分就是乙醇，它是透過玉米、大麥、葡萄等物質中的葡萄糖發酵而成的，葡萄糖會被酵母菌的酵素催化，有趣的是，這樣的酒僅含有 13% 的乙醇，因為超過這樣的酒精濃度時，酵母菌就會死翹翹；高酒精含量的飲料是利用發酵混合物的蒸餾而得。75%的酒精溶液消毒效果最好。

喝酒臉紅代表肝功能代謝好嗎？【2018-07新聞】

有些人一杯黃湯下肚，立馬臉紅如關公；但也有人千杯不醉臉也不紅。一般認為喝酒臉馬上紅起來的人是因為身體代謝比較好，但醫師說，完全相反！

　　首先應了解酒精進入人體後，會先由乙醇去氫酶將乙醇代謝變成乙醛，再透過乙醛去氫酶代謝成無毒的乙酸，接著排出體外。所以臉紅的速度與乙醛代謝效率有關，一喝酒就馬上臉紅，代表乙醛去氫酶的活性不好，導致代謝乙醛的能力很差。研究報導指出有45%的臺灣人因為基因缺陷，體內缺乏乙醛去氫酶。

　　甲醇和乙醇都只有一個氫氧基，就是這種官能基讓它們和水有很好的「互動」，因為水也含有兩個－OH 基，這裡的互動指的是它們和水會有親密的作用，這種作用稱作是「氫鍵」。有許多的醇類含有超過一個－OH 基，此種醇類稱為多元醇。其中最重要的是乙二醇（結構如下頁），它是大多數汽車抗凍劑的主要成分，在天寒地凍的國度裡開車必須要小心，車的水箱要加含乙二醇的抗凍劑，因為 60% 的乙二醇水溶液的熔點是 -49℃，因此在天寒地凍的國度裡開車的冷卻系統就要靠它囉！否則水箱會因水結成冰時，體積會增大而被擠破。乙二醇之所以有毒是因為在人體內最後會被氧化成草酸（oxalic acid），草酸則會與鈣離子反應成草酸鈣，草酸鈣是一種結晶性的白色固體，容易造成腎結石。

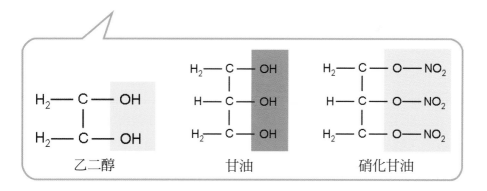

乙二醇　　　　　　甘油　　　　　　硝化甘油

　　甘油（glycerol）又稱丙三醇，是一種無色透明、無氣味的糖漿狀黏稠液體，通常可以在藥局買得到。因為甘油含有三個氫氧基（如上所

示），所以與水可以相溶，也因為這樣，它的保濕效果很好，是製造化妝水、唇膏、面霜、保養品及臉部化妝品的重要成分。甘油和濃硝酸反應會生成硝化甘油（結構如上），它是一種爆炸能力極強的炸藥，經震動、撞擊或摩擦極易引起爆炸，爆炸時產生大量氣體，1847 年由義大利的索布雷洛（Ascanio Sobrero）所發明的。但一般人常誤以為硝化甘油是瑞典的諾貝爾（Alfred Bernhard Nobel）發明的，事實上諾貝爾只是當時最大的硝化甘油製造商，他在 1859 年發明了一種使硝化甘油穩定的方法，這方法就是將 75% 的硝化甘油與 25% 的矽藻土混合而成矽藻土炸藥（Dynamite）。

含 0.3% 硝化甘油的片劑可以用作血管擴張藥，放在舌頭底下，它會釋放出一氧化氮（NO），一氧化氮是一個很神奇的分子，曾在 1992 年被票選為當年的風雲人物的分子，它會擴張血管且其作用迅速而短暫，因此適用於治療冠狀動脈狹窄引起的急性心絞痛，是心臟疾病與心絞痛病患的救星。看來硝化甘油真是好用，可以炸傷人，卻也可用來救人。

聊完醇類之後，我們再來看看什麼是醚類？當醇的 $-OH$ 中的氫被另一碳鏈取代時便成醚類，醚類的通式為 $R-O-R'$，其中 R 和 R' 可以是相同或不同的碳鏈。當 R 和 R' 都是乙基（$-C_2H_5$）的醚類就是乙醚（結構如下圖），可用作麻醉劑，減輕手術所帶來的痛苦。1846 年莫頓（W. T. G. Morton）公開展示以乙醚麻醉需要接受外科手術的病人，並從病人的頸部切除了一個腫瘤，自此開創了麻醉的歷史時代。前幾年，在臺灣曾發生一個命案，一位婦人疑似瓦斯中毒自殺，後來才發現她的血液含有高濃度的乙醚，原來是他的前夫先用乙醚讓這婦人昏倒，然後故佈疑陣開瓦斯毒死此婦人，好讓警察誤以為是自殺，看來這前夫還蠻懂化學的，只可惜用錯了地方。

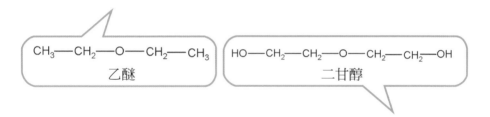

CH₃—CH₂—O—CH₂—CH₃
乙醚

HO—CH₂—CH₂—O—CH₂—CH₂—OH
二甘醇

在噴霧清潔劑中常含有乙二醇醚類，代表人物就是二甘醇（Diethylene glycol，如上圖所示），它很容易經由呼吸道和皮膚吸收造成健康的危害，抑制神經系統，在動物實驗中已經證實這類的溶劑會影響生殖系統和胎兒的發育，但目前尚未發現有致癌的證據。

主題八　不完「醛」相「酮」

阿豆才三歲，常用彩色筆到處在家裡亂塗亂畫，小潘潘真是傷透腦筋，這時阿明提出一個建議：「老婆大人，妳不妨試試妳平時卸除指甲油的去光水，它裡面含有丙酮，應該會有效。」小潘潘無奈地說：「什麼是丙酮我不管，只要可以去除塗鴉就好。」

易致癌廢食用油　8成變飼料【2011-06新聞】

食店、學校、攤販等餐飲業每年產生大量廢食用油，廢食用油易產生醛、酸類，甚至是含氯有機物對人體有一定害處。

醛類和酮類含有羰基，也就是 C＝O 的官能基，雖然醛類和酮類系出同門，但化學式有點不同，醛類的羰基出現在碳氫鏈的末端，至少有一個氫接在羰基上，例如，甲醛（其中 R ＝ H）和乙醛（其中 R ＝ CH₃），經常分別被表示為 HCHO 和 CH₃CHO，腐敗奶油的臭味起因於丁醛（R ＝ C₃H₉）及丁酸。在酮類中 C＝O 的官能基是與兩個碳原子鍵結的，酮

類的羰基是不可能出現在碳氫鏈的末端，丙酮通常寫作 CH_3COCH_3 或 $(CH_3)_2CO$。市售的去指甲油中含有丙酮，可用來清除塗在指甲上的指甲油，是很好的溶劑。多數的醛類和酮類具有香味，可以作為香料和調味料。醛類和酮類的通式如下：

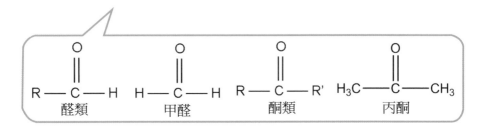

主題九　永垂不朽的「福馬林」

　　小潘潘覺得家裡東西不夠放，想要重新裝潢，於是阿明找了一位木工開始施作，阿明特別交待他要用好一點的夾板，甲醛的含量要愈少愈好，小潘潘說：「還好你有講，我還真是擔心有甲醛，因為它的負面新聞很多。」阿明一聽趕緊把這些新聞找出來。

要買冷凍鮮軟絲或墨魚，記得先聞一聞！【2011-11新聞】
　　來自日本、越南、菲律賓、中國以及印尼等多國的冷凍軟絲、墨魚及章魚製品等水產品被檢出有甲醛殘留。甲醛是可能致癌物，依法在食品中不得檢出。
辦公室甲醛濃度高　易疲勞頭痛【2011-12新聞】
　　環保署調查發現，中央空調系統的辦公室，甲醛以及懸浮微粒的濃度，都高於裝窗型冷氣的辦公室，其中又以影印區，甲醛濃度最高，位居冠軍！

木製家具可能隱藏致癌的甲醛，當室溫超過30度可能釋出【2018-07
新聞】
　　除了木製家具黏膠以外，去汙劑通常也使用了大量甲醛，研究
結果顯示溫度越高，甲醛逸出的速度越快，尤其是地處熱帶氣候的
臺灣夏天室溫常常超過 30 度更是不利。

　　小心！你已經被敵人四周包圍起來了，甲醛就是這樣一個可怕的分
子。甲醛又稱蟻醛，結構如上頁圖所示，是有刺激性氣味、無色透明的氣
體。約 40% 甲醛水溶液即是所謂的「福馬林」（formalin），可作為殺菌
劑或防腐劑，標本中的生物都不會腐爛，就是因為泡在福馬林裡。過去曾
在市場上的蝦仁、透抽、烏賊、魷魚、扇貝等水產檢驗出有甲醛殘留，疑
似是額外添加以保鮮、漂白這些海鮮食品，下次購買時最好先聞聞有沒有
藥水味，如果有藥水味，則可能有甲醛的殘留，而且白晰不見得就是好，
不要買太白的海鮮產品。

　　甲醛也是重要的工業原料，可以做成各式各樣的甲醛樹脂，三聚氰胺
和甲醛聚合而成的美耐皿就是一個典型的例子。為了增加木材的耐用年
限，通常木材在製作成家具前，大部分會先泡過含有甲醛的藥水處理，功
能就像是泡「防腐劑」，除增加防潮性外，也能預防白蟻入侵。另外，因
為甲醛或甲醛樹脂常用在家具、油漆、三夾板等各種建築裝潢的材料，而
甲醛樹脂會緩慢持續放出甲醛，因此甲醛成為常見的室內裝潢背後所隱藏
的殺手。現在市面上流行的防皺抗縮的衣服，之所以如此神奇是因為這些
衣服裡面加了少量的甲醛，將衣服中的纖維素鍵結起來，所以不會皺掉。
甲醛有股刺鼻的味道，對皮膚及黏膜有刺激性作用，可能出現過敏和氣喘
現象，嚴重者甚至會導致肝炎、肺炎及腎臟損害。研究顯示甲醛也可能與
鼻竇癌、鼻咽癌及白血病有關。

主題十　心「酸」誰人知

　　小庭喜歡吃甜食，但是對於酸酸的水果都沒有太大的興趣，有一天她問阿明說：「爸爸，為什麼蘋果和葡萄吃起來都酸酸的，不好吃？」阿明想想回答說：「單純就我的化學專業來看，這些水果都應該含有一些『有機酸』，所以才會酸酸的。」

　　日常生活常遇到許多有機酸，例如醋酸，這些有機酸稱為羧酸（carboxylic acids），其特徵是有羧基的存在，羧酸的一般式為 RCOOH，這些有機酸的水溶液通常是弱酸。有機酸大多來自自然界，最簡單的羧酸是蟻酸，即甲酸（HCOOH）。螞蟻咬人時就是注入蟻酸，蜜蜂螫人時也會注入蟻酸。醋的主要成分就是含有 5% 的醋酸水溶液，醋酸是乙酸（$H_3C-COOH$）的俗名。想一想螞蟻那麼小，所以它的體內是蟻酸，只含有一個碳原子而已，反觀動植物也含有有機酸，這些就是我們常聽到的脂肪酸，它含有八個至二十個碳，真是小巫碰上大巫了，大自然就是這麼令人驚奇。

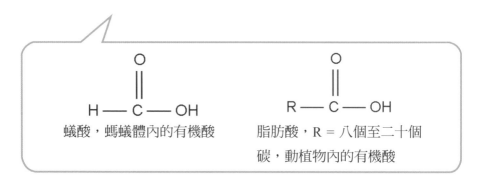

蟻酸，螞蟻體內的有機酸

脂肪酸，R ＝ 八個至二十個碳，動植物內的有機酸

　　我們小時候愛看的卡通人物大力水手卜派，當奧麗薇碰到危難時，他要英雄救美所需的神力就是來自於菠菜，菠菜素有「超級營養蔬菜」的美名，因為菠菜含有許多營養成分如維他命 A、葉黃素、葉酸、鎂、錳、鐵

等多種元素。另外，菠菜含有大量的草酸，草酸因為與金屬結合的特性，以致於被認為會破壞營養的吸收，因為它會干擾一些基本礦物質的吸收，如鐵和錳。攝取過量的草酸可能會致命，因為它會降低我們血液中的鈣含量，草酸會和鈣形成無法溶解的草酸鈣結晶，這種結晶會造成膀胱和腎臟產生結石，因此對於容易結石的病人，儘量少吃草酸含量高的食物。另外人體無法儲存過量的維他命 C，過量的維他命 C 會被代謝成草酸，所以吃太多的維他命 C，可能會產生腎結石的副作用。草酸的另一個用途是當作去汙劑，尤其是用來去除鐵鏽和鋼筆的墨水汙漬，這是草酸根如同螃蟹的兩支鉗子一樣，可咬住鐵鏽中的鐵離子，形成水溶性的錯離子，達到除去衣物上鐵鏽沾痕的效果。

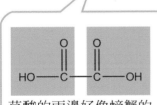

草酸的兩邊好像螃蟹的兩支鉗子

草酸根如同螃蟹的兩支鉗子可咬住鐵鏽中的鐵離子

菠菜

有些水果吃起來是酸酸的，這是因為這些水果含有一些屬於它的有機酸，例如，檸檬的酸味是因為含有檸檬酸（critic acid）的緣故，蘋果含有蘋果酸（malic acid），葡萄含有酒石酸（tartaric acid），所以嚐起來都酸酸的。另外難聞的腐敗奶油就是丁酸（C_3H_7COOH）造成的氣味。從五個碳至十個碳的有機酸都有羊脂味，當我們運動流汗時，皮膚裡的細菌對汗中的油發生作用而產生這些酸，運動鞋的難聞氣味道就是這樣來的。十個碳以上的有機酸是臘狀固體，基本上不會揮發，因此沒有氣味。

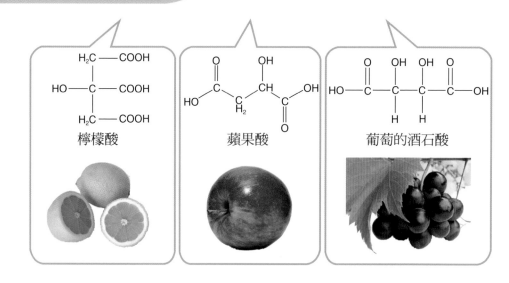

檸檬酸　　　　　　蘋果酸　　　　　葡萄的酒石酸

主題十一　「酯」要香味

　　小潘潘很喜歡買各式各樣的水果擺在客廳，阿明就說：「我們家好像是水果雜貨店。」小庭就幫媽媽辯解：「不過我覺得這樣很好，因為整個客廳都充滿水果的香味，雖然有些水果吃起來酸酸的。」阿明心想為什麼水果都這麼香呢？一定含有特定的化學物質才是。

　　將醇和有機酸反應便可生成酯，難怪乎當我們烹飪時可以加一點酒（即乙醇）於食物中，食物中通常含有一些酸如醋酸，因此可以反應產生乙酸乙酯（$CH_3COOC_2H_5$），所以就香味四溢，讓人食指大動。水果的香味是因為含有特定的酯類，例如，香蕉的香味是來自於乙酸正戊酯。下表列出一些水果相關的酯類：

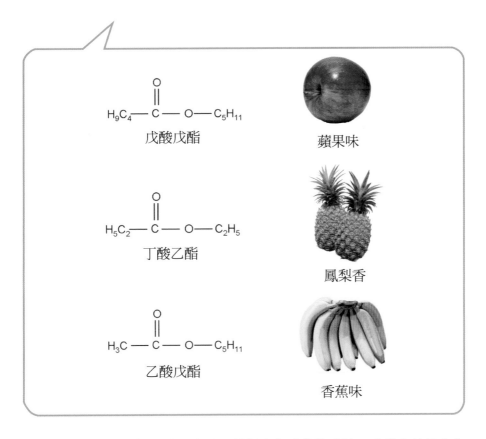

戊酸戊酯

蘋果味

丁酸乙酯

鳳梨香

乙酸戊酯

香蕉味

　　乙酸異戊酯是無色透明液體，稀釋時有香蕉的香氣，香蕉水就是含有它。利用它的香氣，可配製多種食品香精，也用於配製香皂、洗滌劑中的香精等。

主題十二　不「胺」好心

　　阿明和小潘潘去逛魚市場，小潘潘掩著鼻說：「這魚腥味好重。」阿明說：「這是因為『胺』的關係，跟阿摩尼亞有點像，沒關係，買回去之後加點酒或醋就可以去腥了。」

　　當阿摩尼亞（氨氣，NH_3）的氫被烴基（即碳氫鏈）取代時便成為胺類（amines），胺類的分子至少含有一個氮原子，因為氮原子上的未成對電子會喜歡與酸中的質子（H^+）反應，因此胺類經常是鹼性的。一般鹼性的有機化合物如植物鹼幾乎都是胺類的天下。胺類隨著氮上接的碳數不同，可分為一級胺、二級胺、三級胺，以及四級銨鹽。一級胺的碳鏈比較少，所以水溶性比二級胺、三級胺要來得好。由於三級胺的碳鏈較多，與水相溶的能力較低，因此在水中的溶解度比較差，因此它的鹼性比較弱。胺類以各類複雜的生物鹼形式廣泛地存在於自然界中，也因為它的水溶性與高反應性，往往能夠與酵素作用，亦經常可作為藥物使用。

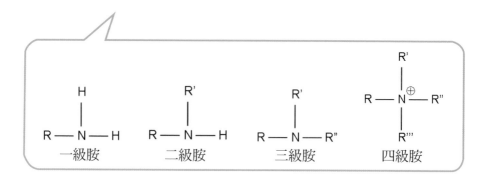

　　魚腥味令人難聞，這是因為魚含有三甲胺（$N(CH_3)_3$）的緣故。因此煮魚時總是加些一點酒，達到去魚腥的效果，為什麼呢？因為三甲胺藏在魚肉裡，利用酒裡的酒精當作溶劑，將三甲胺溶解在酒精中，這樣酒就可以把三甲胺從魚肉拉出來，煮魚時的溫度很高，酒精和三甲胺很易揮發，所以魚的腥味便可除掉了。另外一個方法就是加一點醋，醋裡面也含醋酸，剛好可以跟鹼性的三甲胺來個「酸鹼中和」，也可以去除魚腥味。

主題十三　鮮紅醃漬食品的背後推手「亞硝酸鹽」

　　小潘潘最近發現菜市場現在賣的菜都很大很漂亮，心想為什麼自己種的菜好像都發育不良一樣，怎麼大小差那麼多，阿明就說：「外面的蔬菜可能灑很多化學肥料，這些肥料主要是硝酸銨（NH_4NO_3）。」小潘潘問說：「那有沒有像測酸鹼值的石蕊試紙一樣，可以來測蔬菜中硝酸鹽的量？」阿明找了老半天，總算找到了可以測硝酸鹽的試紙，經過一番折騰之後，果不其然，外面買的蔬菜打成的汁使得試紙的顏色變得很粉紅，看來這些菜還是不要吃的好，於是阿明就說：「那我們還是到外面去吃館子吧！」

　　阿明一家人找呀找，總算決定去吃牛肉麵，阿明急忙叫小潘潘幫他多加點酸菜，這時小潘潘突然想起毒物專家的話，酸菜裡面可能含有很多亞硝酸鹽，可能會致癌，阿明說：「真的嗎？怎麼吃這個也毒，吃那個也毒，我決定把它搞清楚。」阿明後來發現新聞真的對亞硝酸鹽和硝酸鹽報導還蠻多的。

47% 葉菜硝酸鹽過量【2011-09新聞】

　　吃蔬菜現在不僅要擔心農藥殘留，還要當心硝酸鹽，環保團體發現葉菜的硝酸鹽含量超過歐盟標準，不合格率達 47%，國內並沒有訂定標準，硝酸鹽毒性雖然低，但是有可能會產生亞硝酸鹽。

火鍋料的加工肉品愈紅愈危險？【2017-12新聞】

　　食藥署指出適量添加亞硝酸鹽為合法，目前市面上的加工肉品都已經過檢驗，基本上不要過量，對人體不致於有太大危害。民眾也可以在吃火鍋料的加工肉品前先過個熱水，就能避免將亞硝酸鹽吃下肚。

醃製肉品可以有效地防止肉品的腐敗，因此可以長期地保存肉品以供將來使用。古代醃製肉類的方法之一即是以食鹽（氯化鈉，NaCl）加以醃製肉類，但是肉色很容易變成棕灰色，是因為血紅色的肉的鐵離子本來是二價的（Fe^{2+}），但是受到空氣中的氧會和它產生氧化作用而變成三價的鐵離子（Fe^{3+}），因此變成棕灰色，引不起人的食慾。後來發現可加入亞硝酸鈉（$NaNO_2$）作為食品如醃漬火腿、培根、熱狗、臘肉、鴨賞和香腸的保色劑，它主要有兩個功能：

(1)抑制細菌的繁殖，亞硝酸鹽在無氧狀態下，可抑制厭氧性細菌如金黃色葡萄球菌和肉毒桿菌的萌芽，避免在儲存時產生異味和惡臭，抑制肉毒桿菌需 100 ppm 以上的亞硝酸鹽才會有效果。ppm是指百萬分之一，也就是一百萬個才有一個的意思，也就是說一公斤（相當於 1000 克）的食品裡面含有一毫克（相當於 0.001克）的亞硝酸鹽。

(2)可保持肉類的鮮紅色，增進肉類食品如醃製火腿和香腸的外觀。亞硝酸鈉如何有神奇的醃製效果呢？這是因為它本身會因為肉中含有天然還原劑的作用下，緩慢地還原成一氧化氮，接著一氧化氮會和紅肉中的主要色素肌紅蛋白產生鍵結，形成所謂的氧化氮肌紅蛋白，它的顏色就是鮮豔的紅色。一般約 20～30 ppm 之亞硝酸鹽即足夠固定肉色。

食物中如含有亞硝酸鈉，進入胃後，會與胃酸（即鹽酸）作用，就會生成亞硝酸，然後再與我們所吃進的食物，因為含有蛋白質，經消化之後產生的二級胺，進一步反應生成亞硝胺（nitrosamine），亞硝胺和其所衍生的亞硝基胺代謝物被證實會使實驗動物致癌，因此亦可能使人類致癌，這也是大家下次吃香腸時，不要選太紅的。亞硝酸鹽進入胃之後的消化流程示意圖如下：

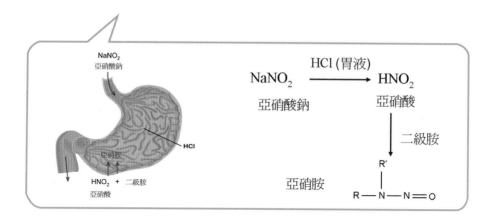

$$NaNO_2 \xrightarrow{HCl (胃液)} HNO_2$$

亞硝酸鈉 亞硝酸

二級胺

亞硝胺

NaNO₂ 亞硝酸鈉

HCl

亞硝胺

HNO₂ ＋ 二級胺 亞硝酸

$$R-N-N=O$$

　　硝酸鹽在肉品中也會有同樣的效果，肉中的硝酸還原菌逐漸分解硝酸鹽，進而變成亞硝酸鹽。萵苣、菠菜及甜菜等葉菜類的硝酸鹽含量過高，主要是因為過度使用化學肥料所導致，植物蔬菜主要從肥料中吸收硝酸鹽，陽光普照的話，硝酸鹽會轉換成養分。因此葉菜類的亞硝酸鹽的含量非常低，人體的代謝能力可以排除。因此下次記得颱風天前後不用去搶購蔬菜，因為不但價格被哄抬得嚇人，農民為了賺取好價錢，搶著採收上市，根本不會理會這時候的蔬菜可能有農藥殘留的問題，這是人的本性。按規定每一公斤的肉類，只能添加 0.07 公克的亞硝酸鹽，相當於是 70 ppm。因為亞硝酸鹽可以抑制要命的肉毒桿菌的生長，兩害相權取其輕，如果完全沒有加亞硝酸鹽，生命可能因為這些細菌造成的風險更大。

Q1：網路盛傳吃加熱過的隔夜青菜，會引起亞硝酸鹽中毒？

　　「網路上流傳一篇文章，有人說下班回家，將隔夜青菜經加熱後，煮了一碗麵吃；接著覺得頭暈、渾身癱軟無力、噁心，又嘔吐又拉肚子的，最後眼一黑，便倒在地上。推測是隔夜青菜會產生亞硝酸鹽，引起中毒。」

A1：答案是不會！雖說亞硝酸鹽可以使血液中血紅素的攜氧能力會因此降低，導致患者會突發性頭暈、呼吸困難、虛弱無力及全身冒冷汗。但這是錯把竹竿當菜刀，蔬菜亞硝酸鹽含量極低，亞硝酸鹽並不是因為隔夜菜加熱所產生的。

Q2：飲食禁忌提到，吃香腸別配乳酸飲料？

A2：含有亞硝酸鹽的食物要儘量避免與含胺類的食物一起吃，亞硝酸鹽如果跟含乳酸的食品同時攝取，理論上，可能會較容易變成亞硝酸，進而促進亞硝胺的生成，雖然這種交互作用對於人體致癌的重要性仍不清楚，但一般都會建議吃香腸或臘肉時，最好不要與乳酸飲料一起食用。

Q3：哪些蔬菜的「硝酸鹽」含量比較高？

A3：硝酸鹽高含量的蔬菜就是葉菜類包括青江菜、菠菜、空心菜、甘藍菜、芹菜、芥菜、白菜、韭菜、茼蒿等。根莖類的較少含硝酸鹽。

Q4：客家人胃癌的機率比較高，為什麼？

A4：客家人喜愛吃酸菜、福菜，在以往一碗飯沒有大魚大肉，只好配上許多酸菜，這些都是醃漬食品，或許是與客家人吃了太多這些醃漬食品有關。所以記得下次吃美味的牛肉麵時，不要再加那麼多的酸菜囉！常見的醃漬食品如下所列：

香腸　　　　火腿　　　　酸菜　　　　豆瓣醬

熱狗　　　　培根　　　　臘肉　　　　豆腐乳

第二課 物以類聚的「類胡蘿蔔素」

　　阿明的女兒小庭問爸爸說：「爸爸，兔子為什麼那麼喜歡吃胡蘿蔔呢？」阿明想要在女兒面前賣弄一下他的化學專業，就隨口回了一句：「胡蘿蔔可不簡單喔，它含有豐富的『胡蘿蔔素』。」小庭說：「你不說我也猜得到呀！」這時阿明的老婆小潘潘插嘴：「聽說胡蘿蔔素是很好的抗氧化劑，可以有效地消除我們人體內的自由基呢！」哇塞，阿明心想老婆大人怎麼那麼厲害，連化學的專有名詞「自由基」、「氧化劑」都派上場了，阿明心想「自由基我唸化學還聽過，但怎麼沒聽過抗氧化劑呢？」於是阿明決定將自由基、抗氧化劑、胡蘿蔔素把它一次搞清楚！並找了一些相關的新聞報導。

主題一　為「自由（基）」而戰

體內「自由基」是破壞免疫系統、導致老化的殺手【2017-11新聞】
　　人會透過呼吸產生自由基，就如同車子發動就會產生廢氣，而自由基會造成人體發炎或免疫系統受損，進而引起老化，甚至癌化風險。

木瓜芒果抗氧化　有助預防失智【2011-05新聞】
　　退化性失智症患者，容易受自由基傷害，多吃抗氧化食物如深色蔬果、木瓜、芒果，而富含維他命 C 的柑橘類，以及青椒、甜椒，也都是很好的抗氧化食物。

　　歲月催人老一直是現代人的生活夢魘，如何消除歲月刻在臉上的痕跡，是每個人追尋的夢想，中國古代的帝王無一不想獲致長生不老的仙

丹，但是卻常事與願違，究竟該如何延緩老化的必經過程呢？要回答這樣的一個問題，首先要了解導致老化的原因是什麼？根據研究指出，人類老化所引發的疾病如老人癡呆症、風濕性關節炎、心血管病變等都和體內「自由基」的堆積有關。自由基是什麼呢？若以化學的觀點來看，自由基其實是含有不成對的電子的分子或原子團，因為它具有單獨的電子，很孤單喔！所以它非常活潑，隨時隨地都渴望得到另外一個電子，因此很不穩定。因為自由基一有機會就要搶奪其他物質的電子，雖然搶到電子之後，因為電子變得成雙成對而穩定下來，但是地球並沒有因為這樣而停止轉動，反而局勢一發不可收拾，因為被搶走電子的物質可能因為丟掉一個電子而變得不穩定，可能再去搶奪其他物質的電子，於是這樣惡性循環下去，產生一連串的連鎖反應，造成這些被搶奪的物質遭到破壞。這種過程可能在人體的任何部位產生，例如粒腺體，它是細胞內產生能量的主要位置，因為是進行氧化作用的地方，所以也是產生自由基的主要地點。**這樣看起來，自由基好比當「小三」的人一樣，一有機會就會搶奪他人的老公或老婆，最後讓整個情勢無法控制。**

人體內的自由基有許多種，有人體自行合成、來自外界環境的或在新陳代謝過程中產生的。不外乎包括以下幾種：

Cl·	OH·	O_2	R−O·	R−O−O·
氯原子	氫氧自由基	活性氧分子	烷氧自由基	烷過氧自由基

其中氫氧自由基是人體內威力最強的自由基，最具破壞力，通常它是在細胞體內透過過氧化氫（H_2O_2）轉換而來，容易造成癌細胞生成。

自由基在人體內是無時無刻的產生，而且我們所呼吸的空氣中有很多的氧氣，這些氧氣可是自由基製造的最佳補給部隊喔！還好我們所吃進的食物和我們人體都會有抗氧化劑的存在，這些可是自由基的剋星，保護

人體不受自由基侵害的秘密武器。1969 年發現了超氧化岐化酵素（super-oxide dismutase, SOD），這種酵素的主要功能就是用來摧毀細胞中的超氧化物自由基。而且令人訝異的是，幾乎所有的細胞內均有此種酵素。食物中的抗氧化劑則可以延緩自由基的破壞，生活中常見的抗氧化劑有維他命 A、C、E、類黃酮、β-胡蘿蔔素等。但如果以為單獨用吃營養品加以補充，則可能將整個氧化過程看得太過簡單，蔬菜水果中其他成分對抗氧化都有貢獻，是各種成分通力合作的結果。吃一般蔬菜水果的效果絕對會比單獨服用藥片或補充劑要來得好。我們現在將先從化學結構說明為什麼胡蘿蔔素是很好的抗氧化劑。

主題二　燃燒自己、照亮別人的「抗氧化劑」

8 成輕熟男血管早衰　恐中風上門【2012-02新聞】

心血管疾病不是肥胖者的專利，生活習慣不好者血管也會提早老化，甚至硬化、阻塞。建議選擇富含抗氧化劑的食物，有助於預防心血管疾病。

化學上並沒有抗氧化劑（antioxidants）這個名詞，只有氧化和還原，氧化和還原的本質其實是物質之間電子的傳遞而已，一個物質的氧化表示該物質是丟掉電子的，另外參與反應的另一物質則獲得電子，因此稱作被還原，所以有氧化就一定會伴隨著還原，這就好比「有失必有得」是一樣的道理；就像孔融讓梨的故事中，孔融讓給哥哥一個梨，他失去一個梨，所以他是被氧化了，相反地孔融哥哥得到一個梨，所以孔融哥哥是被還原的。抗氧化劑幫助其他物質對抗氧化，扮演犧牲自我的角色，擔任救火隊的工作，或者說是當作替死鬼或砲灰。所以抗氧化劑自己容易被氧化，可用來吸收體內過多的自由基，保護身體其他物質不受自由基的侵害。抗氧

化劑的功能在於阻斷自由基的連鎖反應,維持細胞的完整性,避免增加自由基對細胞的破壞。很幸運的,在人體和植物中存在著各種抗氧化劑。在自然的飲食中抗氧化物有 β-胡蘿蔔素、類胡蘿蔔素(長得像胡蘿蔔素)如番茄的番茄紅素、葉黃素和玉米黃素、蝦紅素及維他命 E、維他命 C、茶多酚等。本課將集中於 β-胡蘿蔔素及蕃茄紅素、葉黃素和玉米黃素、蝦紅素這些類胡蘿蔔素上。

主題三　黑暗中的光明「維他命 A」

吃素禁蛋奶　維他命 A 缺很大【2011-05新聞】

　　不吃蛋和牛奶的素食者,若沒有注意蛋白質攝取,容易缺乏維他命 A。有些患者因維他命 A 缺乏症出現角結膜乾燥及角質化情形。因為維他命 A 在體內的代謝利用,需要蛋白質媒介,因此長期營養不良會導致維他命 A 缺乏症。

　　當烯類分子中的一個單鍵接著一個雙鍵相互輪替時,這類的烯類稱為「共軛烯類」。平常單獨的雙鍵,如同每個房間是被牆壁所隔開的,無法互通,共軛的情況就如同把這些牆壁全部打通,造成共軛烯類雙鍵中的電子的活動區域因此變大了許多,只要共軛烯類雙鍵夠多的話,便會吸收可見光,造成日常生活中不同蔬果中繽彩多紛的顏色,這些都是因為這些共軛烯類分子存在的緣故。

　　唐朝醫書上曾記載烏鴉肝煮湯可以治療眼病,相傳在中國南北朝時代有一位叫王軻的青年,他最早發現維他命 A,故事是這樣的,王軻對母親非常孝順,但他的母親有夜盲症,晚上眼睛看不清楚,偏偏到了晚上時,總是有一隻烏鴉老是在屋前呀呀亂叫,吵得他母親心情很煩亂,於是王軻便把烏鴉殺了,把烏鴉的肝煮成湯孝敬母親,結果他母親的晚間視力因此

獲得改善，原來是烏鴉肝含有豐富的維他命 A。

　　維他命 A 在眼睛是一個很重要的營養成分，能保護骨骼正常生長，使眼睛適應光線變化，如果缺乏的話，會造成夜盲症，也就是說晚上會看不到東西。維他命 A 又稱視網醇，是一共軛烯類，當它的氫氧基（－OH）被氧化成醛類時就變成視網醛（retinal），視網醛在視覺上扮演重要的角色，當進一步氧化的話，就變成視黃酸（retinoic acid），也就是 A 酸，有時候你會在化妝保養品中看到這樣的成分，因為 A 酸可用來保養皮膚。

　　視覺原理其實和視網醛有很大的關連，視網醛的第十一個碳的雙鍵是順式的，它可以與視蛋白（opsin）結合後產生的視覺色素稱為視紫質（rodopsin）。當有一道光進到你眼睛時，視網醛中的第十一個碳的雙鍵會被激發而斷裂，這時候第十一個和第十二個碳就瞬間變成了單鍵，變成了單鍵之後視網醛的碳鏈就可以自由地轉動，當它一翻轉之後，頓時所有的碳與碳之間的雙鍵就都變成了全反式。如下圖所示：

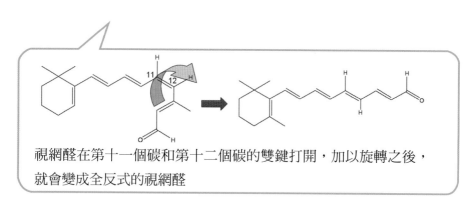

視網醛在第十一個碳和第十二個碳的雙鍵打開，加以旋轉之後，
就會變成全反式的視網醛

　　因為全反式的構形與視蛋白並不契合，此時便給了視神經一個訊號就是有光進來了，我們就是這樣靠視網醛的順式和反式的轉換而產生視覺作用，這種視網醛的順式和反式的轉換非常的快，快到你沒有感覺它經歷過這樣的過程。

我們簡單以下圖說明這樣的視覺作用：

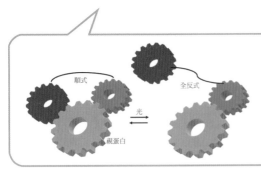

視蛋白和視網醛契合之示意圖：經光照之後，原本視網醛是順式的就變成了全反式，全反式的視網醛它的構形與視蛋白無法契合。

　　富含維他命 A 的動物性食物有魚肝油、蛋黃、動物肝臟、牛乳、乳製品等，其中以魚肝油的含量最為豐富。而植物性食物來源有深綠色蔬菜、深橙黃色蔬果、深橙黃色根莖類，如胡蘿蔔、木瓜、南瓜、地瓜、玉米等。因為維他命 A 是脂溶性維他命，這由其結構可看出分子都是長長的碳鏈，氫氧基很少，因此不易溶於水，所以是脂溶性的。在攝食富含維他命 A 食物同時，也需攝取適當的脂肪，以利於維他命 A 吸收。但若攝取過量T A，則可能會中毒，亦可能會導致胃痛、肚瀉、嘔吐、頭痛、肝臟肥大和視力模糊等症狀。

主題四　顧目睭的「β-胡蘿蔔素」

木瓜富含類胡蘿蔔素　多多食用有益健康【2011-02新聞】

　　聯合國世界衛生組織推薦最佳 10 種水果中，以木瓜為首。木瓜果實除富含木瓜酵素、纖維素外，木瓜果肉類含有高量的 β-胡蘿蔔素和番茄紅素，具有很強的抗氧化性，多攝取可降低罹患心血管疾病、中風和各種癌症風險。

木瓜

Beta 胡蘿蔔素會提高肺癌的風險【2012-01新聞】
　　一個針對 29,000 個從 50 歲到 69 歲的男性抽菸者所進行的研究顯示，服用 Beta 胡蘿蔔素（在體內會轉化成維他命 A），得到肺癌的風險會提高 18%。

　　相傳最早的蘿蔔是從西域傳入中原的，因此加了一個「胡」在前面，代表是西域來的。胡蘿蔔中的 β-胡蘿蔔素（β-carotene）的分子形狀很像「毛毛蟲」，右邊的環是頭部，中間長長的共軛雙鍵是身軀，左邊的環則可看作是尾巴，β-胡蘿蔔素可以被酵素水解，從中間的雙鍵斷掉而變成兩個維他命 A，所以說胡蘿蔔素是維他命 A 的前驅物。含有 β-胡蘿蔔素的天然食物很多，以深綠色蔬菜及深黃色蔬果含量最多，例如，胡蘿蔔、地瓜、木瓜、南瓜、芒果、柑橘、油菜、芥蘭、青江菜和空心菜，都含 β-胡蘿蔔素，常吃有益健康。

Q1：為何胡蘿蔔是橘色的？

A1：胡蘿蔔素中含有豐富的 β-胡蘿蔔素，它是一種共軛烯類，分子結構中單鍵和雙鍵相互輪替，總共有十一個這樣的共軛雙鍵，在這種情況下雙鍵中的電子活動空間變的很大，會吸收可見光的藍色光，因此會呈現其互補色（即橘色）。

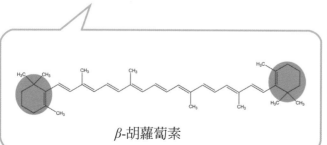

β-胡蘿蔔素

胡蘿蔔

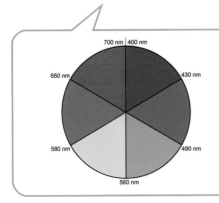

β-胡蘿蔔素會吸收藍色光，也就是說吸收波長在 430 至 490 nm 的可見光，因此會呈現其互補色，呈現它的對面的光顏色（即橘色）。

Q2：為何胡蘿蔔素前面要加一個 β（貝他或 Beta）？

A2：其實除了 β-胡蘿蔔素之外，還有 α-胡蘿蔔素、γ-胡蘿蔔素，它們的不同只是右邊環上的雙鍵位置不一樣而已，但是也因為這樣，β-胡蘿蔔素水解變成兩個維他命 A，但是 α-胡蘿蔔素、γ-胡蘿蔔素都僅能變成一個維他命 A 而已。雙鍵不一樣的位置結局就是差很大！

Q3：為何胡蘿蔔素是一種強力的抗氧化劑？

A3：β-胡蘿蔔素在人體內有兩種抗氧化能力，一來它可吸收眼睛中，因為光線照射而變成激發氧分子（也是一種自由基）的過多能量，二來它可以與脂質過氧化自由基結合而中斷脂質過氧化連鎖反應，阻止氧化作用的進行。也因為其中所含有的 β-胡蘿蔔素可以消除眼睛內的自由基，可以使眼睛免於白內障的危機。想像自由基如同恐怖分子一樣，這次它攻擊的目標是在火車上，火車上不同的車廂就是我們的共軛雙鍵，當自由基進入車廂做攻擊時，它自己原本的電子就被很多個車廂困住了，所以跳脫不出來再進行一連串的攻擊。共軛雙鍵的功用就是穩定自由基的電子，因為一旦進入共軛雙鍵的電子，它的活動空間

變得很大，也就被穩定下來，這有點像我們如果是住在豪宅，你就比較不會在外面趴趴走。所以 β-胡蘿蔔素因具有多個共軛雙鍵，所以會是一個良好的抗氧化劑。

Q4： 胡蘿蔔吃過多會中毒嗎？

A4： 先前提過每天攝取過量的維他命 A 時可能會中毒，β-胡蘿蔔素也是脂溶性的，在人體會水解成兩個維他命 A，這樣是不是意謂著吃過多的胡蘿蔔會中毒嗎？研究指出，攝取過多 β-胡蘿蔔素時並沒有中毒之虞，長期大量攝取時可能會使皮膚變黃之外，並沒有其他問題。研究甚至指出，食用 β-胡蘿蔔素含量高的蔬果，可以降低冠狀動脈疾病的罹患率。但是上面那則提供 β-胡蘿蔔素給抽菸者的研究，卻告訴我們 β-胡蘿蔔素可能提高肺癌的發生率，這也提醒我們單獨補充一種營養成分可能事與願違，食物中可能含有其他的物質如類黃酮也可能共同參與，所以應該吃的是完整均衡的食物，而非單一成分做成藥丸的營養補充品。

Q5： 網路上傳說：胡蘿蔔中的胡蘿蔔素如果和酒精一起進入人體，會在肝臟產生毒素，引起肝病？

A5： 前面所說雖然胡蘿蔔素是抗氧化劑，幫助身體抵抗自由基。但是當我們攝取太多胡蘿蔔素時，肝臟會把這些營養素視為外來物質，然後啟動解毒系統去解毒。當胡蘿蔔素的濃度很高時，碰上酒精，就會和自由基結合，使胡蘿蔔素由抗氧化劑轉變成會攻擊正常細胞的促氧化劑，也就是說，這時候的胡蘿蔔素會促進氧化的進行，而不是抵抗氧化，所以變成是一種幫倒忙的情況囉。不過，通常我們如果吃的是天然食物，一般不可能攝取那麼多的量，所以不用擔心這種情形。反而需要注意的是沒事不要亂服用胡蘿蔔素補充劑。

主題五　番茄紅了「番茄紅素」

　　三歲的阿豆吵著要吃義大利麵，於是阿明就幫他加點紅色的醬料，阿豆大叫：「我太小了，不敢吃辣！」六歲的小庭比較聰明就說：「笨蛋，那才不是辣椒醬，是好吃的番茄醬。」這時候小潘潘安慰阿豆：「番茄含有豐富的番茄紅素，吃了會頭好壯壯、馬上會變聰明喔！」阿明一聽到番茄紅素這名詞，又引發他對番茄紅素長什麼樣子的興趣。

臺大研究證實茄紅素可有效改善攝護腺肥大【2017-09新聞】

　　臺大醫院日前證實食物中「茄紅素」確實有助改善攝護腺肥大；因攝護腺肥大而有排尿問題的男性，每日服用一定劑量的茄紅素；4～12週後有達到顯著改善的程度。

研究發現茄紅素能提升精子品質，讓「精子增70%」！【2017-08新聞】

　　美國有研究發現，番茄內的茄紅素可增加70%的精子量，不僅提高精子品質與生育能力，還能提高精子的「游泳速度」，不僅能提高男性生育力，也為不孕夫婦增加懷孕機會。

煮過或「加油添醋」後的番茄，可以讓茄紅素倍增【2017-03；2018-07新聞】

　　最新研究發現，烹煮過的番茄，能有效協助益生菌通過胃酸的侵蝕，大大促進腸道的健康。同時烹煮可以釋出更多的茄紅素，可以保護細胞不受到外界有害物質的傷害。

　　番茄紅素（lycopene）是一種類胡蘿蔔素，也就是說它長的像胡蘿蔔素，又稱為茄紅素。研究顯示，類胡蘿蔔素是種強力的抗氧化劑。凡是與胡蘿蔔素的分子有共同的地方，也就是說具有類似的共軛雙鍵的化學結構便可稱作「類胡蘿蔔素」，類胡蘿蔔素主要有兩大類，一類為只含碳氫結

構的類胡蘿蔔素，包括番茄紅素、α-胡蘿蔔素、β-胡蘿蔔素等，另一類的類胡蘿蔔素則在雙邊的兩頭多了含有氧原子的結構，稱為含氧類胡蘿蔔素，包括葉黃素、玉米黃素、蝦紅素等。這些類胡蘿蔔素對於抗癌、抗老化、保護皮膚、預防慢性病、老年眼睛黃斑退化症、阻抑紫外線和輻射線傷害，並保護肝細胞免受氧化傷害的功能非常顯著，也是目前最熱門的抗氧化明星。

　　一般而言，類胡蘿蔔素結構的共軛雙鍵愈多時，其抗氧化的能力較強。番茄、紅葡萄柚、紅西瓜、木瓜和紅番石榴都含有不少的番茄紅素（結構如下圖）。一般人聽到番茄紅素，一定以為番茄含量最多，事實上西瓜的含量是最多的。番茄愈紅，番茄紅素就愈多。番茄紅素與 β-胡蘿蔔素的結構相似，僅是 β-胡蘿蔔素的結構左右的兩個六環的一個化學鍵斷了，因此番茄紅素無法裂解成維他命 A，番茄紅素為非環狀結構，具有十一個共軛雙鍵，它的抗氧化能力很強，是 β-胡蘿蔔素的兩倍多，約為維他命 E 的一百倍。因此它的抗氧化和防癌的能力受到相當的矚目。番茄紅素的結構中所有雙鍵是反式的，這種反式的番茄紅素會直接通過我們的消化系統，不易被我們吸收，需要將它煮過，讓它受熱變成順式的，才有利於吸收，這是因為順式的結構形狀才能跟我們人體細胞的受體契合，這樣它才有機會停留在血液中。西瓜中含順式的番茄紅素，所以不需要經過烹煮！

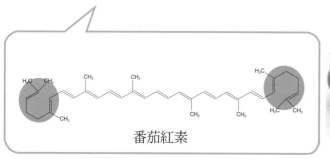

番茄紅素

番茄

Q1：市面上賣的番茄汁有抗氧化能力嗎？

A1：番茄紅素的脂肪族碳氫架構，使番茄紅素可溶於油脂中，番茄紅素天然界之茄紅素以全反式（all-trans）的形式存在，因為此種結構具有較佳之穩定性，比較不會受到加熱而變質，因此加工後的番茄醬和番茄汁仍是熱門的商品。黃色番茄的茄紅素含量只有紅番茄的十分之一左右。

Q2：義大利人為什麼是全歐洲罹患攝護腺病變率最低的人種？

A2：番茄是義大利飲食最常用的料理材料，經常吃比薩的義大利人罹患口腔癌、食道癌及結腸癌的比例，皆比一般人低了 25%～59%，義大利人也是全歐洲罹患攝護腺病變率最低的民族，這主要是因為義大利人偏好含豐富番茄紅素的番茄加工食品有關。番茄紅素可說是中年男性不可或缺的保健食品，因為它可以預防攝護腺癌的風險。

Q3：哪一種水果的番茄紅素含量最多呢？

A3：不用想，一般人會直接猜是番茄，但其實正確答案是果肉紅色的西瓜。

主題六 視力的保護神「葉黃素和玉米黃素」

阿明喜歡在大太陽下打網球，最近他覺得他老是打不到球，應該不是技術不好，而是應該換副眼鏡了吧！於是去眼鏡行配，但是驗光師跟他說：「你的眼睛有點怪，鏡片度數加多深你都看不清楚，最好去看一下眼科醫生。」於是阿明緊張地去診所看醫生，經過一番檢測之後，醫生告訴他一個晴天霹靂的消息：「你的視網膜有病變，需要轉診到大醫院。」後來真的去大醫院仔細檢查了兩次，原來是白內障，並不是什麼視網膜病變，

不過他還是餘悸猶存，聽說「葉黃素」可以預防視網膜病變，所以他現在開始把葉黃素當保養品來吃。他也發現到許多有關葉黃素的新聞報導。

一天吃3奇異果　有效降低血壓【2011-11新聞】

奇異果果肉營養豐富，其中含量較高的抗氧化劑葉黃素，具有降血壓功效。「一天1蘋果，醫生遠離我。」這句話將可改成「一天3奇異果，高血壓遠離我。」

葉黃素至少需持續3個月才有顧目睭【2018-07新聞】

現代人經常使用3C產品，導致用眼過度，可適時補充葉黃素，葉黃素可以吸收藍光和抗氧化，並增加視網膜的微血管血流量及預防黃斑部病變；但補充葉黃素至少需持續3個月才有效。

1954年渥德（George Wald）等人首先指出類胡蘿蔔素可能存在於人體眼睛視網膜內小窩區域的黃斑部，他發現從小窩區域內抽取黃斑色素的吸收光譜類似於葉黃素的吸光光譜。根據光譜的特性和溶解度，他的結論是眼睛內的黃斑色素就是葉黃素。

葉黃素（lutein）是一種天然脂溶性的黃色色素，存在於天然植物中的類胡蘿蔔素，它在人體的分布主要集中在眼睛的視網膜，特別是黃斑部視網膜的中心部位，黃斑部位於眼球後部視網膜中央，是主宰中心視力最重要的部位，主要功用在於將進入眼中的影像、顏色及形狀等細節轉化成有意義的訊息，黃斑區的脂肪外層特別容易受到太陽光的氧化性傷害，如果黃斑部的功能無法正常發揮，人們的主要視覺功能會逐漸損壞，甚至失明。葉黃素無法由人體自行合成，必須經由食物吸收。葉黃素普遍存在於深綠色的蔬菜，例如菠菜、苜蓿芽、甘藍、綠花椰菜、香菜、豌豆等，以及奇異果、葡萄、柳橙、綠皮胡瓜、南瓜等瓜果中，小麥與蛋黃當中也含有質量不等的葉黃素存在，多食用這些食物就有保護眼睛的效果。

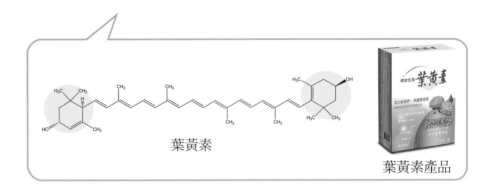

葉黃素

葉黃素產品

　　玉米黃素（zeaxanthin）也稱為玉米黃質，是包含在眼睛視網膜細胞中的兩種類胡蘿蔔素之一。玉米黃素這個名字來自於黃玉米，也作為一種食品添加劑的黃色色素。玉米黃素存在於自然界，它是顏料，是玉米、紅花和許多其他植物所特有的顏色。

　　玉米黃素和葉黃素具有相同的化學式。主要的區別是它們末端環結構中的一個雙鍵位置。

　　葉黃素含有十個共軛雙鍵，而玉米黃素卻含有十一個共軛雙鍵，比葉黃素多一個共軛雙鍵。視網膜黃斑部就像一臺影印機，葉黃素與玉米黃素就如同碳粉一樣，如果影印機沒有了碳粉，最算有再好的印表機，也會是英雄無用武之地，也印不出東西來，而當葉黃素與玉米黃素補足之後，影印機就能清楚印出東西，相當於將訊息清楚地傳遞給腦部。紫外線一般能被眼角膜及晶狀體過濾掉，但藍光卻可穿透眼球直達視網膜及黃斑部，而水晶體和黃斑部的葉黃素、玉米黃素能過濾掉藍光，避免藍光對眼睛的損害，避免自由基對黃斑部的氧化傷害，降低白內障及視網膜黃斑區的病變。

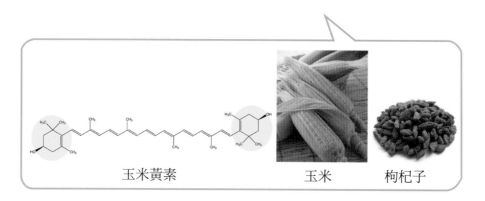

玉米黃素　　　　　　玉米　　　枸杞子

Q1：為什麼枸杞子有明目的效果？

A1：你一定聽過吃傳統中藥成分的枸杞，可以明目改善視力，這是
因為是枸杞富含玉米黃素，吃了枸杞可以增加黃斑部中玉米黃
質的濃度。但中醫認為吃多了枸杞可能會有拉肚子、肝火上升
的副作用。

Q2：需要補充多少葉黃素？

A2：由於葉黃素無法由人體合成，根據美國食品暨藥物管理局的建
議與相關研究顯示，每天從食物中攝取 6 毫克就足夠，可降低
罹患老化性黃斑退化症的風險，因為脂溶性的營養素如果攝取
過量，徒增肝臟的負擔而已。至於國內衛生署的規範中，葉黃
素最高劑量每天為 30 毫克，不宜攝取過量。但葉黃素必須長期
服用，才能感覺得到效果。目前市售的葉黃素膠囊錠劑保健食
品中，葉黃素的來源大多從金盞花或山桑子的萃取物取得。

主題七　還我英雄本色的「蝦紅素」

小庭有一天問爸爸阿明：「爸爸，你看蝦子好奇怪喔？在還沒熟之前是灰藍色的，但是只要顏色變成橘紅色，我們就知道它被煮熟了。」阿明說：「這個問題嘛，好像有點難，我去查查資料再告訴妳。」

養殖鮭白肉變紅　飼料加色滿足「印象」【2011-10新聞】

野生的鮭魚，靠蝦子螃蟹等甲殼類維生，因為有蝦紅素，魚肉才會呈現橘紅色，而養殖的鮭魚，吃的是人工飼料，魚肉是白色的，但為了讓鮭魚肉變成消費者「印象中的橘紅色」，業者會在飼料中添加合法的色素，把白魚肉變成紅色，市面上有 9 成的鮭魚都是養殖的。

鮭魚肉

蝦子或龍蝦是以帶有類胡蘿蔔素的浮游生物為生，它們的甲殼有許多的蝦紅素（α-astaxanthin）。但在甲殼中，蝦紅素與蛋白質分子結合在一起，結合成的錯合物是深灰色的。當烹煮蝦子時，蛋白質因為受熱後會變性，不再喜歡和蝦紅素在一起，兩者就此分道揚鑣，因而釋放出蝦紅素。這時候才顯現蝦紅素的英雄本色，即橘紅色。下圖顯示蝦紅素的化學結構，它長得很像胡蘿蔔素，最主要的差別在於左右兩端是含有氧原子環狀結構。其實胡蘿蔔加熱之後顏色也會稍微變深一點，也是同樣的道理，只是在胡蘿蔔中的蛋白質並不是很多。

蝦紅素

加熱

被煮熟的蝦子

　　野生鮭魚吃蝦蟹等甲殼類，含有蝦紅素，魚肉才會是紅的，但養殖鮭魚肉原本是白的，養殖者通常在飼料中加了合法的色素，日積月累之後魚肉就變成消費者所熟悉所喜愛的紅色。我們平常所吃的鮭魚，大部分都不是野生的，野生鮭是自然磚紅色，而養殖的鮭魚則是橘紅色會比較鮮豔一點，另外野生的鮭魚油脂少，肉比較紮實，但市面上常見的鮭魚養得肥滋滋的，油的紋路非常明顯。

主題八　一兼二顧、摸蛤兼洗褲的「蝦紅素」

　　暑假到了，阿明帶著一家人回鄉下老家度假，他們來到田野間，看到河堤邊或田邊有許多粉紅色的東西，看起來有點像卵，小庭就問阿明那是什麼，阿明就說：「那是福壽螺的卵，這些是阿公最頭痛的人物。」阿豆就問：「什麼是福壽螺？」阿明只有到田裡將福壽螺找出來。

禍害變黃金…福壽螺可抗老！【2011-05新聞】

三十多年前，福壽螺曾經造成臺灣的農作生態浩劫，不過，這些曾經被農民恨到入骨的害蟲，現在搖身一變成為業者眼中的黃金螺。業者發現從這個福壽螺的卵裡頭，可以萃取出這些橘紅色的蝦紅素粉末，天然的蝦紅素被認定為自然界中的最強抗氧化劑，可以美白抗老又抗癌。

福壽螺卵

福壽螺名列國內十大外來入侵物種，多年前經民眾私自引入大量養殖，但因肉質口感不佳，沒有經濟價值和市場，因此遭到任意棄置水道溝渠，致蔓延全臺水域，造成與本土螺類競爭資源，嚴重影響農作物生產與生態環境安全。這是一則非常有趣的新聞，想不到福壽螺的卵裡頭，可以萃取出橘紅色的蝦紅素。根據研究，天然蝦紅素是一種安全的添加劑，具抗氧化及清除自由基能力，對眼睛和大腦的抗氧化保護具有明顯優勢，蝦紅素未來可應用在保養品、醫療用品、保健食品、食用色素及水產養殖增色劑，讓人人厭惡的福壽螺，變成開發高經濟價值產品的原料，也能減少福壽螺對生態環境的危害。

最後，我們將這些類胡蘿蔔素的化學結構再重新整理看過一次，各種類胡蘿蔔素的化學結構中央都具有相同的共軛雙鍵（粉紅色區域），主要的差別就在於左右尾端的結構不一樣而已，下次你再聽到類胡蘿蔔素時，就要想起它的結構就好像是毛毛蟲了。

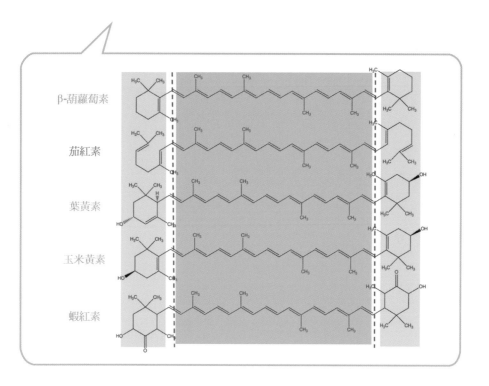

β-胡蘿蔔素

茄紅素

葉黃素

玉米黃素

蝦紅素

第三課　酚酚擾擾的「苯酚類」

今年的冬天特別的濕冷，阿明的老毛病香港腳又犯了，讓他癢得不得了，只好求助於皮膚科醫師，除了藥膏以外，醫生還開了一罐液體給阿明，並囑咐說：「擦藥膏之前，先用這液體消毒一下患部。」阿明有點好奇，於是看了一下它的成分，發現它竟然是以前學過的「酚」，想不到它還可以消毒。

主題一　消毒的好幫手「苯酚」

烏山頭地下水　致癌物總酚超標【2011-10新聞】

環保團體發現烏山頭水庫保護區地下水致癌物總酚超標，為管制值兩倍。由於總酚為致癌性物質，並非自然界存在物質，顯示此地地下水疑受汙染。

當苯環上面的一個氫原子（－H）被氫氧基（－OH）所取代時，就變成酚類（phenols），酚類最簡單的是苯酚，又簡稱酚，俗稱石炭酸。雖然看起來應該是屬於醇類，但事實上卻不像，因為苯環改變了 OH 的性質。酚類的氫氧基比醇類中的氫氧基更易解離出氫離子，可以看作是一種弱酸（如下頁圖所示）。酚難溶於水，但可以和氫氧化鈉（NaOH）反應生成鈉鹽，這樣就可以溶解於水中。在美國每年生產一百萬噸的酚，大多數用於生產黏著劑和塑膠的高分子。

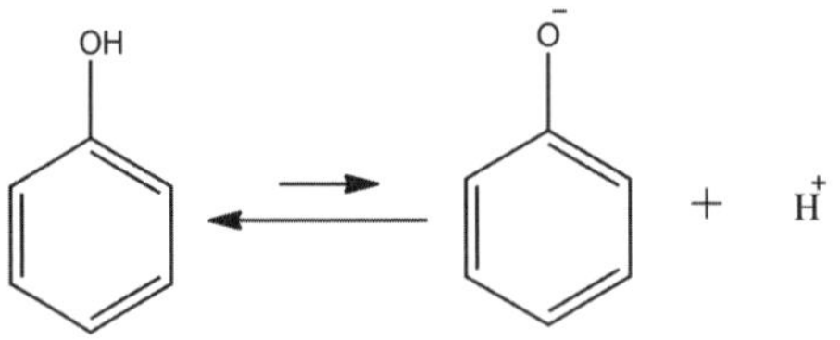

酚可以看作是一種弱酸，在水溶液中它的氫氧基會解離出氫離子。

　　在以前手術並沒有很好的消毒，所以病患在手術之後常因為感染而死亡，1867 年酚是第一個用於手術房殺菌的分子，雖然它的抗菌效果很強，但是因為它會腐蝕皮膚，在殺菌的同時也會將正常的細胞殺死。酚的消毒劑對呼吸及循環系統有毒性，Hexylresorcinol 比較不會使皮膚腐蝕，且比較沒有其他的副作用。李斯德霖的漱口水就含 Hexylresorcinol。

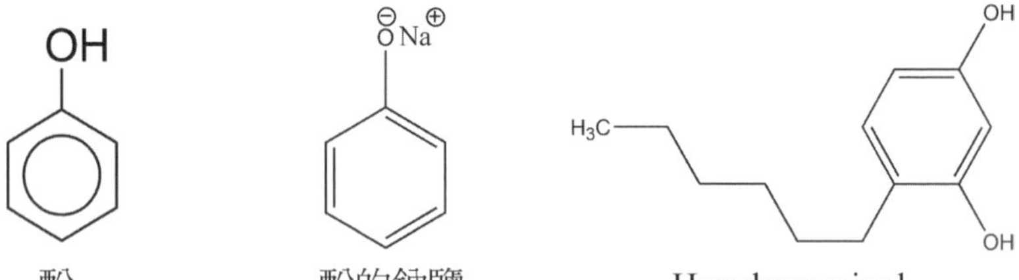

酚　　　　　　　酚的鈉鹽　　　　　　Hexylresorcinol

　　當酚解離出氫離子，氧原子上多出來的電子可以被苯環所穩定住，因為此電子並不侷限於氧原子上，而是有很大的活動空間，這些活動空間就是苯環所提供的。這裡所提到的一些抗氧化劑，都具有這樣的苯酚的部分結構，當它受到自由基攻擊，所衍生出來的新自由基的電子，會被苯酚的苯環所穩定住，電子就可以在苯環上「環遊四海」，也就是會出現下圖的共振結構，所以可以阻斷自由基的連續反應，使得它們成為很好的抗氧化劑。

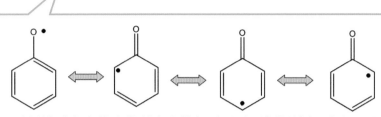

酚類遭受自由基攻擊所產生的新電子並不侷限於氧原子，而此電子可以在苯環上「環遊四海」，因此被穩定下來。

主題二　來自周遭的環境荷爾蒙「雙酚A」

　　小潘潘坐月子時，阿明負責幫小庭泡奶粉餵奶，隨手拿起塑膠做的奶瓶，小潘潘看到了急忙制止：「要用玻璃瓶，不能拿塑膠瓶，聽說塑膠奶瓶會溶出環境荷爾蒙！」阿明心想雖然玻璃瓶容易打破，不過從化學觀點來看，真的還是比塑膠穩定多了。究竟奶瓶會溶出什麼環境荷爾蒙呢？阿明於是蒐集了許多相關的新聞報導。

再生衛生紙含雙酚A？【2018-03新聞】
　　自衛生紙漲價消息曝光後，民眾紛紛瘋搶衛生紙，但專家提醒，購買衛生紙時要注意是否為「回收紙漿」，超過80%回收紙漿都含有雙酚A（bisphenol A），不但會致癌，嚴重還可能導致喪失性功能。不過也有專家認為，紙類回收經過稀釋濃縮和高溫殺菌，就算含雙酚A，也會蒸發掉。

塗料防鏽蝕「罐頭湯」恐含雙酚A【2011-11新聞】
　　很多民眾會買罐頭湯來烹煮，但小心可能會吃進「雙酚A」，因為罐頭內壁塗上了一種防鏽塗料，容易釋出雙酚A，過量恐怕會

影響孩童的生殖及腦部發育。

紙鈔含雙酚A【2011-08新聞】

　　鈔票含有環境荷爾蒙「雙酚A」。主要是因為收銀機中的收據、發票有雙酚A。一般皮膚只會接觸到鈔票一小部分，雖然紙鈔上的雙酚A不太可能從皮膚大量滲入身體，但有些小孩可能將紙鈔放入嘴巴，這會增加雙酚A暴露風險。

健康水壺聰明選，避免喝雙酚A水？【2018-06新聞】

　　許多人習慣購買塑膠製水壺裝水喝，但是，消費者有可能買到含有PC（聚碳酸酯）的塑膠水壺。這樣的塑膠水壺，比較容易釋出有害物質雙酚A，恐影響健康。

小心雙酚A熱飲　拿掉塑膠杯蓋【2011-02新聞】

　　透過塑膠杯蓋上的小孔喝熱飲要注意了！專家指出市面上的塑膠杯蓋材質，只要遇熱 65℃ 以上，就會釋放出雙酚A，民眾最好拿掉塑膠杯蓋，再喝熱飲。

發票收據上含有毒雙酚A！【2018-03新聞】

　　紙本電子發票上上含有油墨雙酚A，經常觸摸的收銀員和顧客都會暴露在雙酚A的汙染中，接觸者血液和尿液中的雙酚A濃度高於一般人。

　　環境荷爾蒙又稱內分泌干擾素，指的是影響內分泌系統的正常運作，干擾荷爾蒙的作用，進而影響生殖與發育的化學物質，環境荷爾蒙亦可經由母乳傳給下一代，因此環境荷爾蒙可能會影響生殖機能與發育。它會對發育中的男性生殖系統有很大的影響，譬如出生的男嬰生殖器官短小、先天畸型、尿道下裂與隱睪症。若在成年男性體內環境荷爾蒙濃度愈高，精子的數量就會愈少，其品質與活動力也愈差，造成不孕的情形，甚至提高

肝癌與腎癌發生的機率。環境荷爾蒙的種類相當繁雜，這些物質進入雄性動物體後影響內分泌，造成「假性荷爾蒙」作用使雄性雌性化。

日常生活中隨處可見雙酚 A（Bisphenol A, BPA），如塑膠容器、食品罐頭內層、收銀機收據、奶瓶和塑膠水壺等都有雙酚 A，雙酚 A 又稱酚甲烷，是一種已知的環境荷爾蒙，不但會壓抑男性荷爾蒙，影響生殖系統，更可能造成男性性徵不明顯或性別錯亂的情形，若長期接觸，不僅會影響內分泌激素調節機制，可能導致肥胖症、乳癌、前列腺癌等病症。雙酚 A 是聚碳酸酯、環氧樹脂等多種高分子材料的原料，普遍存在於化工產品和食品相關產品如免洗塑膠餐具、塑膠家具或家飾品。我們將在第六課介紹聚碳酸酯這種塑膠。罐頭湯品會有雙酚 A 存在的疑慮，全是罐頭內壁會塗上一層叫作「環氧樹脂」的塗料，用途是避免鐵罐生鏽，但這樣的塗料可能會溶進湯中。而為什麼紙鈔上會有雙酚 A？原來是一些收據是用熱感應紙印出，收據上有雙酚 A 是為防止數字及文字糊掉。目前環保署已將雙酚 A 定義為第四類毒性化學物質，但尚未有法規規範。

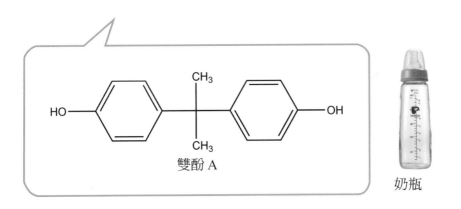

雙酚 A

奶瓶

主題三　清潔劑中的環境荷爾蒙「壬基酚」

　　小潘潘常常埋怨：「每次晚餐吃完飯都要洗一大堆的碗，好累喔！」阿明自告奮勇說：「那還是我來洗好了，我順便來研究一下洗碗精裡面有什樣的化學分子。」後來阿明一查不得了，洗碗精裡面還大有文章。

孕婦產前與產後壬基酚暴露可能傳遞給胎兒【2016-02新聞】

　　在過去洗衣劑、洗碗精、沐浴乳、去汙劑等日常生活中的清潔劑普遍添加「壬基酚聚乙氧基醇類（NPEO）」，NPEO在水中經由微生物的作用分解成親脂性的壬基酚（NP）。研究顯示孕婦在產前與產後長期經壬基酚暴露，可能透過胎盤或哺乳過程傳遞給胎兒壬基酚。

時尚之毒【2011-08新聞】

　　有國際知名品牌，為了製造鮮豔印花，疑似使用會危害人類生殖系統的 NPE（**Nonylphenol Ethoxylate**，壬基酚聚乙氧基醇類化合物），NPE 是環境荷爾蒙，恐會傷害生殖系統。建議民眾買衣服後先洗一遍，洗乾淨就不會有問題。

知名廠牌童裝殘留化學物【2014-01新聞】

　　知名廠牌童裝被驗出壬基酚、塑化劑與全氟化合物，儘管臺灣和歐盟都已經明文規定，童裝的壬基酚殘留量不得超過1000 ppm，但檢驗結果顯示，仍有6成以上知名廠牌童裝含有壬基酚。

　　壬基酚的英文名稱為 Nonyl Phenol（簡稱 NP），是一種非離子型的界面活性劑（non-ionic surfactants），我們將在第五課介紹這種界面活性劑。壬基是指含有九個碳的支鏈，再搭上苯酚的結構。壬基酚及壬基酚聚乙氧基醇類化合物（NPE）的結構如下，是應用於工業用途上的化學原

料，作為有效的乳化劑及潤濕劑，它們均被廣泛應用於工業上清潔系統，如紡織品及皮革用品處理、紙漿及紙張製造、金屬運作及農業上。它們亦適合用於家居清潔劑，使用後排放進入水中，會被微生物分解變成環境賀爾蒙，影響生態環境與人體健康。NPE 已經被環保署列為第一類毒性化學物質，會分解成壬基酚，歐盟已經禁止使用。行政院衛生署公告訂定，化妝品中如需使用壬基酚或壬基酚聚乙氧基醇等成分為原料時，則其最終製品的壬基酚或壬基酚聚乙氧基醇的含量，不得超過 0.1%。壬基酚對於健康有致癌的影響，研究發現它可能與男性睪丸癌、前列腺癌、女性的乳癌及生殖系統癌症等有關。

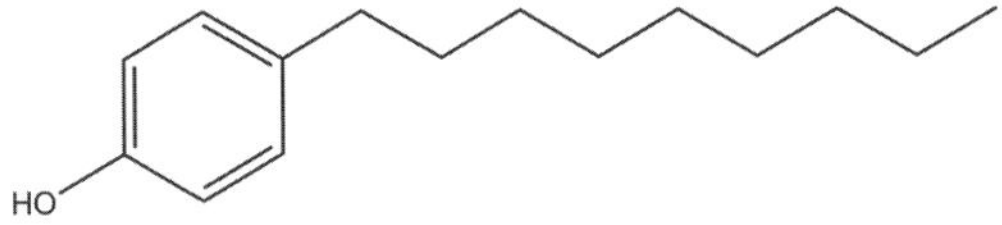

壬基酚（NP）的一種型式

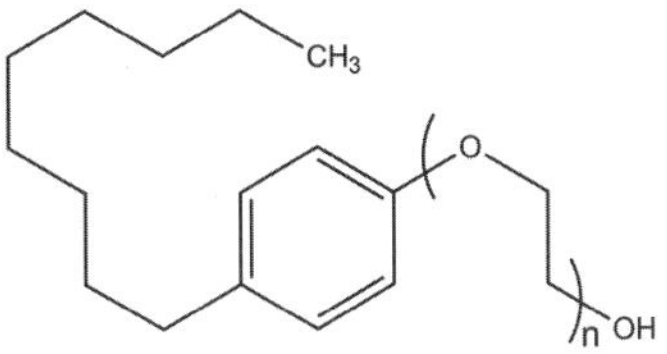

壬基酚聚乙氧基醇（NPE）

　　比較一下帶有支鏈的壬基酚和荷爾蒙的結構，只要在壬基酚的結構中加上一些虛線，則它的分子形狀就長得很像荷爾蒙，看起來就像「山寨版」荷爾蒙，難怪乎壬基酚是一種環境荷爾蒙。

壬基酚，紅色虛線不是真的鍵結

睪固酮，一種男性荷爾蒙

主題四　防腐劑中的雙 B「BHT 和 BHA」

　　阿明很喜歡吃泡麵，小潘潘雖然想勸阻他，卻找不到正當理由，後來不小心看到成分標示有 BHT 和 BHA，心想這些應該不是什麼好東西，順便可以考考她那化學博士的老公，結果一問，阿明摸摸頭想不透，直呼：「如果寫全名的話，我應該會略知一二，但是只有這種英文縮寫，真的難倒我了！我得好好充電一下。」

　　食物中常含有一些不飽和脂肪酸，所謂不飽和是代表有雙鍵的意思，也就是還可以加上兩個氫原子。這些成分如果不經過特殊的處理的話，時間久了，當食物受到光照射或受熱的影響，自然而然地會與空氣中的氧進行氧化反應，因為不飽和脂肪酸有雙鍵的存在，這會使得雙鍵旁邊的單鍵中的 C－H 變得比較弱，這時候此 C－H 中的氫原子就容易受到攻擊，有點掃到颱風尾的味道，這種氧化作用通常是不飽和脂肪酸的腐敗過程，如下所示：

$$-CH_2CH = CH-C(H)(H) - \xrightarrow{\text{光或熱}} -CH_2CH = CH-C(H) \cdot \quad \text{自由基}$$

$$-CH_2CH = CH-C(H) \cdot + \cdot O-O \cdot \text{(氧)}$$

$$\rightarrow -CH_2CH = CH-C-O-O \cdot \text{過氧自由基}$$

　　這種過氧自由基又會回頭去找不飽和脂肪酸反應，然後整個過程一直循環下去，因此產生所謂的連鎖反應（chain reactions），一發不可收拾。這種連鎖反應就像骨牌效應，一棒接著一棒，如果沒有半路殺出個程咬金的話，否則會進行一連串的連鎖反應而導致食物的腐敗，這個程咬金就是所謂的抗氧化劑。

　　BHT（Butylated Hydroxy Toluene，丁基羥基甲苯）和 BHA（Butylated Hydroxy Anisole，2-第三丁基-4-甲氧苯酚）是兩種常見添加於食物的防腐劑，其結構如下頁圖所示，常用在油脂食品，它們可以減緩油脂和植物油的氧化速度，穩定食物中的油脂，延長食品保存期限。這兩種防腐劑也用在塑膠用品、醫藥用品與化妝品的抗氧化劑。當添加 BHT 時，BHT會自告奮勇地當起程咬金，自己下海與自由基反應，阻斷碳與碳雙鍵所引發的連鎖反應，吸收自由基的電子，藉此防止不飽和脂肪與油脂經氧化而酸敗。BHA 的效用也是如此。

BHT　　　　　　　BHA

　　為什麼 BHT 有如此神效呢？對自由基毫無所懼，原來是 BHT 的結構所產生的自由基相對比較穩定，這是因為 BHT 吸收了自由基的未成對電子之後，該電子並不會侷限在苯酚的氧原子上，它可以在整個苯環上活動，如主題一所述的苯酚中的電子一樣可以環遊四海，電子就被穩定下來了，因此 BHT 的自由基活性大不如從前，也就不會再和油脂發生進一

步的反應，進而可以有效地防止肉類食品的腐敗。如果比較一下 BHT 和 BHA 的化學結構，或許可以從它們的共通性找出一些抗氧化的端倪。

它們兩者都是屬於苯酚類的化合物，再來它們在苯環都還有一些比較大的取代基如第三丁基（$-C(CH_3)_3$）存在。BHT 是目前國際上廣泛應用的廉價抗氧化劑，它的兩個第三丁基是很重要的，如果沒有它們的話那就是單純的甲基酚，但是甲基酚暴露於氧化劑時會自行進行偶合作用，即兩個甲基酚會連結在一起，這樣就失去抗氧化的能力，變成「壯志未酬身先死」，如下頁圖所示。

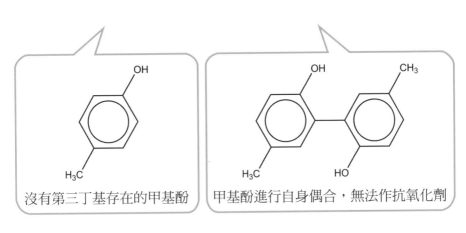

沒有第三丁基存在的甲基酚　　甲基酚進行自身偶合，無法作抗氧化劑

有這些大基團的第三丁基存在的話會讓酚卡卡的，彼此無法互相靠近而產生反應，因此它們可用自由之身去捕捉油類的自由基，達到抗氧化的作用。動物實驗懷孕的老鼠每天餵以含 0.5% BHA 或 BHT 會產生腦部不正常的老鼠。白老鼠的實驗證實會引發前胃鱗狀細胞癌。使用 BHA 或 BHT 可能對人類容易出現過敏反應，採用維他命 E 是一種較佳的選擇，因為它是一種天然的抗氧化劑。

主題五 　天然的抗氧化劑「維他命 E」

　　阿明平常大吃大喝的，身形愈來愈見寬廣，小潘潘擔心阿明這樣下去不得了，於是想從他的飲食開始著手，於是建議阿明：「我們從今天開始吃糙米，不要吃白米了，買麵包或吐司也要買全麥的。」阿明還丈二金剛，搞不清老婆為什麼要這樣做，阿豆突然冒出一句：「為什麼？」

飲食+運動　可預防阿茲海默症找上門【2011-11新聞】

　　維他命 E 是很重要的抗氧化劑，在對抗阿茲海默症上扮演很重要的角色。研究發現，飲食中攝取大量維他命 E 的人，罹患阿茲海默症的比例較低。

　　維他命 E 又稱生育酚，是一種天然的抗氧化劑，化學結構類似於BHT，都是苯酚的環上有許多取代基的存在，有助於降低血中不飽和脂質氧化，特別是保護紅血球與維持神經細胞的細胞膜組織的完整性。天然維他命 E 有八種不同的型式，其中的四種是屬於不同的生育酚，另外四種則是相關的「三烯生育酚（tocotrienol）」，這八種維他命 E 各有其不同的生物效應。一般的人工維他命 E 都是以 α-生育酚為基礎，所以人工的維他命 E 很難全部兼具所有的天然維他命 E 的成分，所以單吃維他命 E 營養品是無法面面俱到的，最後就是老話一句囉：「天然的尚好」。

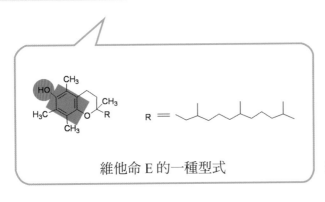

維他命 E 的一種型式

維他命 E 營養品

　　維他命 E 是一種良好的抗氧化物質，時常被用來添加在油脂中，以抑制不飽和脂肪酸的氧化作用。尤其是當人體的不飽和脂肪被氧化時，若是沒有被即時阻止，將會產生一連串脂質氧化的連鎖反應，使脂肪產生聚合作用，當這些大分子的脂質聚合物沉積在血管壁時，便會使血管發生硬化或阻塞。維他命 E 主要分布在細胞膜表面的磷脂質、血液中的脂蛋白和腎上腺中，可以保護各類細胞的細胞膜不受傷害，維持正常功能，保護富含脂質的組織（例如大腦等神經組織）免受自由基的侵害。因為維他命 E 是脂溶性的，這很容易可以從維他命 E 的化學結構看得出來，因此它可以被儲存在體內。但是維他命 C 就不一樣囉，因為維他命 C 是水溶性的，很容易被排出體外，因此需要常常補充。維他命 E 和維他命 C 是親密的戰友，當自由基侵害身體細胞時，維他命 E 會率先挺身對抗自由基，但它自己也變成自由基，此時維他命 C 會去還原維他命 E，但同時維他命 C 也變成了自由基，維他命 C 的角色變成是維他命 E 的後備部隊，彼此互相支援，維他命 C 可以將部分被氧化的維他命 E 還原，使得維他命 E 恢復功能。

　　含有維他命 E 較多的食物是提煉的食物油如葵花油、紅花油、堅果和杏仁、葵花子、花生和玉米等，以及米麥的胚芽。所以最好是吃糙米或全麥的食品，這樣維他命 E 比較多，如果是白米飯的話，因為胚芽已

經被去除了，所以維他命 E 就比較少了。在攝取這些綠色植物時，要記得同時攝取少量的良性脂肪，才可以讓維他命 E 的攝取量發揮最大的功效。

主題六　專門來找「茶」

阿明每天都喝兩三杯咖啡，小潘潘實在有點看不下去：「阿明，你已經步入中年了，要不要學老人家有空泡泡茶來喝，聽說喝茶好處多多喔！」阿明回說：「老婆大人，妳有所不知，我每天都至少喝一杯連老外都愛喝的臺灣名產『珍珠奶茶』。」小潘潘說：「那可不一樣喔，我說的是純喫茶，聽說綠茶裡面含有很多的『兒茶素』，是一種多酚的化合物，對身體很有益處！」阿明心想綠茶那麼苦，打死也不想喝，但是老婆所提「多酚」，倒是引起阿明的興趣，決定好好探究一番，而他也發現很多有關於喝茶的新聞。

喝茶好處多　但需喝對方法　勿喝過量【2011-11新聞】

喝茶好處多，研究顯示茶含茶多酚，有助抗氧化、心血管保健。泡茶溫度約七、八十度，時間約一到五分鐘，泡越久，可能釋出苦澀味，影響口感。

綠茶　防癌抗失智【2011-01新聞】

研究發現綠茶可以保護大腦免於阿茲海默症侵襲，紅茶、綠茶含有「茶多酚」，茶多酚可幫助預防癌症，抑制腫瘤細胞生長，保護大腦細胞。綠茶有助預防癌症，還可以幫助減少血臟病風險、降低膽固醇濃度，常喝綠茶的人也較不易罹患巴金森氏症、阿茲海默症等疾病。

綠茶含茶多酚可摧毀揮發性硫化物【2012-03新聞】

口腔氣味難聞多來自揮發性硫化合物，最新研究發現，綠茶含有抗氧化物質「茶多酚」，可以抑制揮發性硫化合物生成，進而改善口臭、蛀牙，甚至減少口腔癌風險。

康普茶可防癌？小心胃受不了【2018-07新聞】

紅茶葉以糖、水等泡製，會發酵產生菌膜成為俗稱「康普茶」的紅茶菌茶，因號稱可保健甚至抗癌，吸引不少民眾大量飲用。營養師指出紅茶發酵產生有機酸會使酸鹼值下降，如有胃潰瘍或是胃酸逆流的民眾應適量飲用。

茶飲料農藥問題連環爆【2015-05新聞】

農糧署近來對製茶廠抽查結果，發現共4件烏龍茶農藥殘留不合格，驗出6種農藥，其中1件「芬普尼」甚至超標20倍。

新鮮茶葉的成分主要有蛋白質、纖維質、咖啡因、多酚和一些金屬離子等，經過不同的加工處理而產生不同的茶色、茶香和風味。最近許多研究都指出喝茶好處多多，喝茶不僅可以防癌、降低心血管病變、降血壓、降血糖等。茶葉裡含有茶多酚的成分，其中以綠茶所含的多酚最多，烏龍茶、包種茶次之，紅茶最少。

茶水中的苦澀味道主要來自於茶多酚，日本人喜歡喝綠茶，咱們臺灣人則偏好喝烏龍茶，西方人如英國人則喜歡喝紅茶。東方人則偏愛綠茶的清香，而西方人喜歡味道濃郁的紅茶，這些茶的主要差異在於它所含兒茶素的多寡，而這取決於它的製作過程不同。茶的製造過程與茶葉被酵素發酵的程度有關，茶葉裡有某一種氧化酵素，這種氧化酵素在很多植物都有，當植物組織受到破壞時，這種酵素會與葉子發生反應而變成棕色。綠茶是一種未發酵茶，採摘後直接先用蒸汽或高溫的水將其生茶葉的氧化酵

素破壞，這樣就可避免因酵素而造成氧化，因此在後來的製茶過程中，便沒有後續的發酵作用再發生，這種製茶過程可以保有原先茶葉最多的成分茶多酚。因為綠茶含有比例較多的茶多酚的成分，因此綠茶有苦澀的味道。紅茶則是一種發酵茶，採集茶葉後，任茶葉自然風乾數日，再行揉捻製茶，在其製造過程中採直接發酵的方式，期間因氧化酵素的作用而氧化，因此茶葉中的氧化酵素會與茶多酚的成分進行一些化學反應，而形成結構更為複雜的色素，因而造就紅茶鮮豔的顏色。綠茶和紅茶最大的差異在於它們茶葉中所含的多酚含量的多寡。臺灣其他常見的茶葉如烏龍茶、包種茶、鐵觀音等，它的發酵程度不如紅茶深，是屬於半發酵茶，可以說是介於綠茶和紅茶之間的產品。

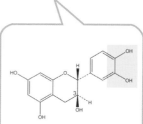

綠茶
未發酵茶

烏龍茶
半發酵茶

紅茶
發酵茶

兒茶素，其實是一種類黃酮，屬於黃烷醇。

　　茶多酚是茶葉中多酚類（polyphenols）物質的總稱。其中以兒茶素（catechin）最為重要，含量約佔茶多酚總量的 70% 左右。茶多酚又稱茶鞣或茶單寧，是形成茶葉色香味的主要成分之一，也是茶葉中有保健功能的主要成分。一般所說「茶單寧」是對茶中多酚類成分的一個通稱，此點和現代食品化學所稱的「單寧」或「單寧酸」（指存在樹皮中的複雜混合物）有所不同，因此較新的報告多以茶多酚取代「單寧」（tannins）。

　　茶多酚中最具活性的多酚化合物主要有四種：表兒茶素（Epicatechin,

EC）、表沒食子兒茶素（Epigallocatechin, EGC），表兒茶素沒食子酸鹽
（Epicatechin gallate, ECG），以及表沒食子兒茶素沒食子酸鹽（Epigallo-catechin gallate, EGCG）。這些中文名字有點繞口，直接記英文縮寫或許容易一點，其中以 EGCG 含量最多，占整體的一半。茶多酚其實是一種類黃酮，屬於黃烷醇（Flavanols），我們將在下一主題介紹這類化合物。因為茶多酚是一種多酚類，因具有兩個以上的氫氧基在苯環上，因此能有效地以酚的氫氧基與自由基反應而達到保護人體不受自由基的侵害，降低體內過量自由基的堆積，進而可以保健心血管、抗氧化、抗自由基、預防失智症，甚至防癌。日本人喜歡喝綠茶，這或許是日本人平均比較長壽的秘訣喔！但是有些人胃比較敏感，比較適應發酵茶，像是烏龍茶或紅茶等，這類茶喝起來比較香濃。如果茶喝得太多，過多的咖啡因反而會造成骨質疏鬆，喝茶得適量，喝太多還會傷胃睡不著，造成反效果。市面上的罐裝茶、泡沫紅茶，茶多酚成分都很低，喝了不太有效。

從兒茶素的化學結構中可看出含有氫氧基（OH）愈多，愈能阻止自由基對人體老化的破壞。多酚結構的抗氧化機制如下：

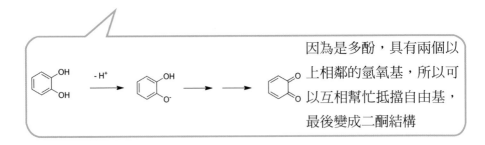

因為是多酚，具有兩個以上相鄰的氫氧基，所以可以互相幫忙抵擋自由基，最後變成二酮結構

研究證明喝茶能降低發生心臟血管疾病機率，除了綠茶，巧克力亦因含有多酚而有相同功效，然而巧克力所含的其他成分卻會削減多酚對心臟血管疾病的益處。法國人常常毫無節制地大吃高脂食物，又煙又酒，他們的心臟病罹患率的世界排名卻很低。因此研究員懷疑法國人的健康狀況要

歸功於他們每餐所飲用的一、兩杯葡萄酒。葡萄酒含有大量的多酚，這是一種強力的抗氧化劑，可阻礙壞膽固醇的氧化，進而預防心臟病。值得一提的是，雖然喝茶的好處多多，但是比較令人擔心的是茶葉農藥殘留的問題，最好第一泡的茶先倒掉，以避免喝到超標的農藥；另外，小孩子最好不要喝茶，因為茶含有咖啡因（見於第七課），約為同量咖啡的三分之一，另外茶裡的多酚也會影響鐵質的吸收，可能對小孩的成長發育會有負面的影響。

主題七　素有維他命 P 之稱的「類黃酮」

阿明問女兒小庭說：「妳最喜歡吃什麼水果？」小庭答說：「草莓最好吃了，爸爸我們去大湖採草莓好不好？」阿明心想這草莓採起來鐵定錢包又會大失血，於是就說：「草莓不好養，一定灑很多農藥。」但是小潘潘直接吐槽：「草莓有很好的類黃酮成分，對身體很好喔。」真的嗎？阿明還是顧忌著他的錢包，但是他也第一次聽到類黃酮，有必要去查一查！

草莓可抗氧化　幫紅血球對付疾病【2011-06新聞】
　　研究發現草莓含有大量酚類化合物如類黃酮等，可幫助紅血球對抗氧化壓力，紅血球在草莓助威下，比較能有「擋頭」（臺語：有耐力），抵抗氧化壓力。
吃白色蔬果　中風率減半【2011-09新聞】
　　研究發現，吃蘋果、梨子等「白色蔬果」有助預防中風，中風機率下降五成二。蘋果、梨子都含有大量膳食纖維及類黃酮槲皮素的「植物性化學成分」，香蕉、花椰菜、黃瓜、菊苣等也都屬於白色蔬果。

藍莓為何能補腦？【2009-09新聞】

研究指出藍莓具有優異的補腦效果，可以提高專注力，長期食用藍莓更能強化記憶力。藍莓所含的「類黃酮」（flavonoids）才是藍莓補腦功效的真正關鍵，類黃酮不僅可以疏通血管，提高血流量，同時可以降低血壓。

喝葡萄酒可防曬斑【2011-08新聞】

研究顯示，喝葡萄酒或吃葡萄可以保護皮膚，避免出現曬斑，紫外線是造成皮膚病、皮膚提早老化、曬斑，甚至皮膚癌的主要原因。研究發現，葡萄所含有「類黃酮」可保護皮膚細胞免於因照射而受傷。

女性多吃柑橘　腦中風風險降低十九%【2012-02新聞】

最新報告指出，多吃柑橘類水果有助女性降低缺血性腦中風發作的風險達十九%。類黃酮中的一種「黃烷酮」與降低女性中風機率有關。柑橘類水果的果汁也含黃烷酮，但專家建議直接吃水果，市售果汁往往含糖太多，不利健康。

吃芹菜、紅蘿蔔　可降低大腸癌風險【2012-02新聞】

根據最新研究指出，芹菜和紅蘿蔔中含有大量木犀草素，可防制大腸癌發生機率，對於清理腸胃、去除油脂也有很大的效果。

匈牙利籍科學家艾伯特・聖喬其（Albert Szent-Gyorgyi）是最早分離出維他命 C 的人，後世尊之為「維他命 C 之父」。類黃酮也是由聖喬其首度發現。1928 年，聖喬其首次從柑橘類水果中分離出維他命 C，當時他在研究過程中發現，100% 純度的合成維他命 C 在治療壞血病的相關症狀時，效果不如從柑橘類水果和玫瑰果等植物中提取的維他命 C。聖喬其認為，富含維他命 C 的食物中可能還有其他重要成分，可以跟維他命 C

一起產生協同作用。

　　1935 年，聖喬其果然從檸檬皮中分離出一種類黃酮化合物（flavo-noids），稱之為「檸檬素」。研究發現，這種物質有強化血管壁的作用，效果比純維他命 C 更好。聖喬其認為他又發現了一種人體不可缺少的維他命，於是把檸檬素改名為「維他命 P」。聖喬其選擇比較後面的英文字母 P，當作自己的新發現命名，是有幾分道理存在的，第一他擔心將來如果發現類黃酮不是維他命，要更正就直接除名就可以了，不會造成太大的困擾；另外 P 這個字母是 permeability（滲透性）的開頭字母，剛好類黃酮物質能降低毛細血管的滲透性，促進血管健康的優點不謀而合；再者缺乏一些類黃酮物質所引起的疾病如 purpura（紫癜）或 petechiae（瘀斑）都是和 P 有關係。當時聖喬其及其工作夥伴主要是用類黃酮來治療毛細血管脆弱而容易皮下瘀血的病人。可惜的是聖喬其一直無法證實如果人體缺乏類黃酮，會出現何種特定的不適症狀，因為像缺乏其他的維他命，都會有特定的症狀，如長期缺乏維他命 C 會引起壞血病、維他命 D 不足會發生佝僂病、缺少維他命 B_1 會導致腳氣病、缺少維他命 B_2 會口角炎和口內炎等。1938 年，聖喬其在報告中指出，他無法證實類黃酮是人體必需的營養素。1950 年，美國食品暨藥物管理局（FDA）做出判定維他命 P 是錯誤的概念，宣布取消。不過自 1940 年代起，世界各地的研究人員不斷對類黃酮物質進行各種研究，陸續發現多種類黃酮及其生化作用。

　　酚類化合物是植物化學成分中最大的族群，而類黃酮又是多酚化合物中最大的一類。類黃酮的字首是取自拉丁文 Flavus，意思是黃色，oid 意思是類似的東西。類黃酮廣泛存在於植物體內，幾乎所有的植物都含有類黃酮，它是水溶性物質，通常它們的結構還會以與醣類結合的形式存在，大多具有抗菌、消炎或擴張血管的功效。蔬菜、水果如葡萄、番茄、櫻桃、柑橘類水果顏色的天然顏料就是它們的傑作，類黃酮雖然不被認為是維他命，但是類黃酮分子結構小，水溶性佳，易被人體吸收，無蓄積性作

用，在生物體內的反應裡，被認為有營養功能，也被認為具抗氧化、抗癌、抗發炎及降低血管疾病等功能。

類黃酮的結構是由兩個苯環（A 和 B），中間再以一個三個碳含有氧的 C 環連接起來，因此稱以 C6－C3－C6 的方式連結（如下圖所示），A 環及 B 環大都含有取代基，以氫氧基（OH）最多，甲氧基（OCH₃）次之。而 C 環取代的位置在第 3 個位置最多。除了此 3 種基本結構外，根據其取代基及飽和的位置不同，另有再結合酚酸、胺基等而產生種種不同的結構再細分，這些類黃酮的結構都很相近，除了以單體的型式存在外，也常以二聚體和寡聚體的方式存在，這些聚合的化合物一般稱為單寧。類黃酮主要有黃酮（flavones）、黃酮醇（flavanols）、黃烷酮（flavanones）、黃烷醇（flavononols）、異黃酮（isoflavones）和花青素（anthocyanins）等六大類，如下圖所示。

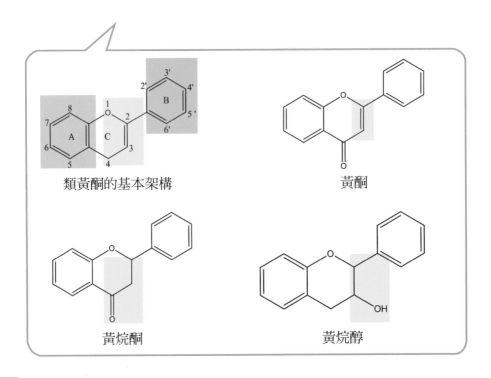

類黃酮的基本架構　　　　　　　黃酮

黃烷酮　　　　　　　　黃烷醇

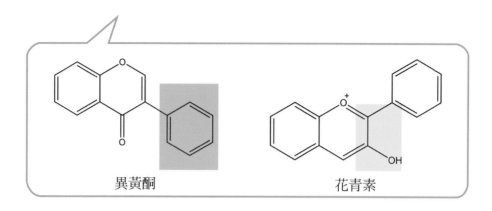

異黃酮　　　　　　　　　　花青素

　　若在 C-3 的位置接上氫氧基（OH），則稱為黃酮醇；如果在 C 環的第二個碳與第三碳之間是飽和單鍵的話，則為黃烷酮和黃烷醇；當 B 環由原先的第二個位置移到第三個位置時，就變成了異黃酮。其中黃烷醇的代表性人物就是大家所熟聞的茶葉中的兒茶素（catechin）和其他茶多酚物質。

　　含類黃酮多的食物包括柑橘類水果，如柳橙、檸檬、葡萄柚、橘子、葡萄、草莓、櫻桃、李子、甜瓜、木瓜、胡椒、甘藍、番茄、茶、可可等。很多天然的保健食品，如紅葡萄酒、葡萄籽、蜂膠、大豆、銀杏及一些中草藥裡，都有類黃酮的作用。根據研究指出，美國人和英國人患乳癌、大腸癌和攝護腺癌的機率較中國人和日本人高出四倍左右，應該是因為東方人大量攝取黃豆中的大豆異黃酮有密切的關係。異黃酮具有抗氧化性，可以使得人體避免自由基的侵害，防止細胞的病變而達到預防癌症的效果。異黃酮的化學結構和動物的雌激素（estrogen）很類似，動物如分泌過多的雌激素，容易導致乳癌的發生，而異黃酮可以競爭雌激素的接收器，因此有抵抗雌激素分泌的功效。葡萄酒可以減少心血管疾病發生的機率、葡萄籽的抗氧化效果、蜂膠能增強免疫系統等都是因為類黃酮的關係。這些類黃酮的結構都是具有多酚的部分結構，它的抗氧化及清除自由

基的能力，會隨著 B 環中的氫氧基的數目的增加而增加，特別是在 C-3'
的位置上。

　　芹菜和紅蘿蔔中含有大量木犀草素（luteolin）。大腸癌發生的原因
除遺傳的因素之外，飲食習慣也占了很重要的因素。如果進食不足夠的蔬
菜，會使得食物停留在腸道內的時間拉長，食物渣滓較易生成致癌物質。
研究發現蔬菜中芹菜和紅蘿蔔包含名為木犀草素的抗氧化劑，能抑制血管
新生，誘導結腸癌細胞死亡，有助於降低腫瘤的生長速度，並提高抗癌藥
物對腫瘤細胞的細胞毒性。除芹菜和紅蘿蔔外，市售的橄欖油、百里香、
甘菊茶、薄荷和迷迭香中也含有木犀草素。另一種有名的類黃酮是檞皮素
（quercetin），存在於深紫色葡萄、洋蔥、蘋果皮和漿果，它能抑制因脂
質過氧化物所導致的血小板凝集，避免粥狀動脈硬化的發生。木犀草素和
檞皮素結構很相似，如下圖所示。

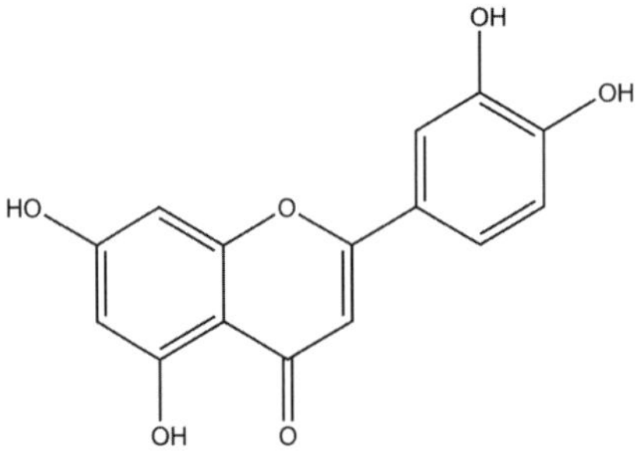

木犀草素（luteolin）　　　　檞皮素（quercetin）

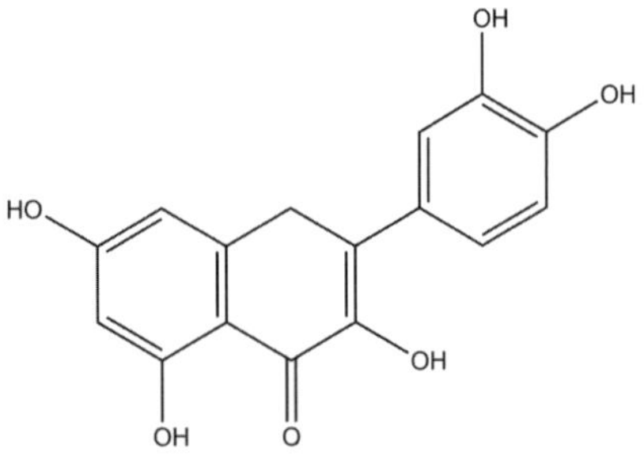

主題八　酸鹼變色龍的植物色素「花青素」

　　阿明很喜歡吃葡萄，小潘潘告訴他：「你應該要整個葡萄吃下去，吃

葡萄不要吐葡萄皮，連葡萄籽現在都是很流行的營養品呢！聽說花青素很多。」阿明還是很鐵齒，不敢吃葡萄皮，但老婆的一番話卻激起他對花青素的興趣。

> **藍莓富含花青素　多吃防高血壓【2011-01新聞】**
>
> 　　研究顯示，經常吃富含花青素的藍莓，患高血壓的風險可降低10%。這項研究證實了花青素具有降血壓的功效。同樣富含花青素的草莓，降血壓效果也不錯。
>
> **草莓新用途　抗氧化酶可治胃潰瘍【2011-03新聞】**
>
> 　　研究指出，草莓具有促進抗氧化酶、清除自由基的作用，可以保護胃黏膜，甚至用於治療胃潰瘍及腸胃炎等疾病。原因在於草莓萃取物中含有大量花青素。

　　自然界大多數的花朵、果實和樹葉之所以能夠色彩鮮豔，主要是因為花青素的緣故，如前一主題所述，花青素是屬於類黃酮化合物，比較重要的有六種，分別是天竺葵色素（pelargonidin，深紅色）、矢車菊素（cyanidin，豔紅色）、花翠素（delphinidin，藍紫色）、芍藥花苷配基（peonidin，玫瑰紅）、矮牽牛苷配基（petunidin，紫色）及錦葵色素（malvidin，淡紫色）。

　　下圖列出一些常見的花青素的結構及其代表性的水果，可以看出這些花青素的化學結構都非常像，唯一不一樣的地方在於右邊苯環上（即 B 環）的氫氧基的位置和數目而已，因為它的結構有好幾個氫氧基，所以易溶於水。如果比較一下藍莓和草莓的花青素的化學結構，可看出僅在右手邊的苯環上差一個氫氧基而已，但是彼此的顏色就有所差別，因為藍莓的氫氧基比較多，因此也可預期它的抗氧化效果會比較好。另外，紅葡萄酒內所含花青素的右手邊苯環的結構其實跟之前所提的 BHT 很像，都是苯

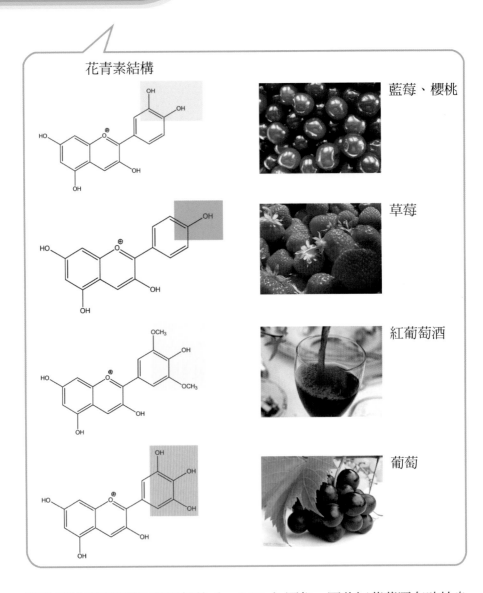

花青素結構

藍莓、櫻桃

草莓

紅葡萄酒

葡萄

酚的氫氧基被旁邊兩個甲氧基（－OCH₃）圍住，因此紅葡萄酒有助於身體的抗氧化，所以想多喝一點紅葡萄酒，這樣是一個不錯的藉口。花青素

的顏色會隨著環境的酸鹼值的不同而呈現出不同的顏色，通常鹼性時呈現藍色，中性時呈現紫色，而在酸性下呈現紅色。在天然的一些食物中，花青素結構中的氫氧基常與數個醣分子結合在一起，稱作花青素配醣體。

　　花青素的化學結構其實已經透露出它會是很好的抗氧化劑，它是一種多酚。植物中的花青素可以保護它的葉片和果實不會受到紫外線的破壞。若食用花青素，其主要功效為清除自由基、抗人體低密度脂蛋白的氧化、增加免疫系統、預防高血壓等，在食品、醫療及化妝品方面已廣泛使用。它在體內的抗氧化及清除自由基的能力為維他命 E 的 50 倍、維他命 C 的 20 倍。富含花青素的食物很多，如紫色葡萄（皮）、櫻桃、藍莓、草莓、蔓越莓、覆盆子、黑莓、洛神花、蘋果、茄子、柑橘等水果，其中以莓類占最高，尤其是藍莓，胃部的疾病很多都與自由基等類過氧化物質有關，平時若能多吃一些藍莓或草莓，或許可幫助預防胃部疾病。

Q1：為何餐廳的魚香茄子那麼紫色誘人，但是自己下廚炒出來的茄子為什麼卻是暗暗的褐色，到底秘訣在那裡？

A1：茄子的深紫色正是因為花青素的關係，花青素的顏色很容易受到酸鹼值的影響而變化，當茄子在鍋裡炒太久時，食物中原本含有的一些酸性分子就會跑出來，當你將鍋蓋蓋起來時，這些酸性分子會回流在鍋內，造成鍋裡的酸鹼值是酸的，這時候花青素的顏色會是褐紫色的，所以重點在於不要煮太久，避免鍋裡的酸鹼值變成是酸的，也可以加入些許鹼性的小蘇打，維持鹼性，就可燒出紫色的魚香茄子了。

茄子

Q2：近來葡萄籽的健康食品廣受歡迎，為什麼呢？

A2：葡萄籽含有豐富的「前花青素」或稱「原花青素」（oligomeric proanthocyanidins, OPC），OPC 是一種幾個花青素分子發生聚合反應而成的產物，前花青素最主要功能是其抗氧化的能力，它是強力的血管守護者，它能順利進入血腦障壁，清除腦部產生的自由基，因此能預防腦部退化引起的疾病。OPC 主要來源是果皮及果核，但通常這些都是我們平常捨棄不吃的東西，我們真的是有眼不識泰山，常常暴殄天物，所以建議吃葡萄時不吐葡萄皮，增強保健效果。

主題九　薑是老的辣的「薑黃素」

小庭一碰到咖哩就不敢吃，小潘潘想說服她，就說：「咖哩裡面有所謂的薑黃素，吃了頭好壯壯！」小庭回答：「我才不要壯壯的，我要當窈窕淑女。」小潘潘差點沒有臉上三條線，就說：「不然妳去問妳爸爸，什麼是薑黃素？」阿明這次又掃到颱風尾，只好硬著頭皮去找相關的資料囉！

吃咖哩攝取薑黃素 能對抗阿茲海默症【2015-01新聞】
　　咖哩粉含有豐富的薑黃素，美國、日本最新研究發現，薑黃素或可用來幫助對抗、治療阿茲海默症。
延緩肝硬化　薑黃素露曙光【2011-11新聞】
　　肝臟疾病一直是國人健康的大殺手，最近發現肝硬化治療新契機，在動物實驗中，薑黃素可延緩肝纖維化的進展，未來可望開發出治療肝硬化新藥。

薑黃素，英文是 curcumin，是自植物「薑黃」根莖萃取出的化學物質，常被作為食物辛香料，也是常見食材咖哩中的主要色素之一。咖哩是源自於印度的料理，現在已經在臺灣是一種相當常見的菜餚，從高級餐廳到超市或便利商店幾乎都可以看到類似的食物。除了是一道美食之外，同時也富含多種對人體有益的物質，其中很重要的一種就是薑黃素。近來研究發現它具有抗氧化、抗發炎、抑制癌細胞生長以及對抗慢性肝病等功能。印度人罹患阿茲海默症的比例較低，許多研究都認為這是因為他們的煮食中放入大量的薑黃。薑黃素可以保護腦部免受阿茲海默症的侵襲。薑黃素的結構如下所示。

薑黃素

早在 1970 年代，薑黃素的抗氧化能力就被發現了，薑黃素可以捕捉自由基，使得自由基上的未成對電子進入穩定的狀態，進而使自由基失去氧化的能力；這可以從它的化學結構看出一點端倪，它的化學結構中左邊是一個雙酚，這和之前所稱的多酚一樣，是可以抵抗自由基；另一方面，它的化學結構中右邊是一個酚，但是它的旁邊及對面有一些取代基的存在；除此之外，中間部分是一個共軛雙鍵的結構，這與先前在第二課所提的類胡蘿蔔素有異曲同工之妙。薑黃素的抗氧化能力十分強大，消除自由基的反應效率甚至兩倍高於維他命 C 及維他命 E。薑黃素也是天然的酸鹼指示劑，碰到如鹼性的肥皂水就會變成紅色。

第四課　生活辛「酸」報你知

　　阿明是個夜貓子，每到半夜時常常肌腸轆轆，於是就尋遍廚房，好不容易找到一包泡麵，正想大快朵頤之際，突然傳來老婆的尖叫聲：「不准吃！那裡面都是『防腐劑』，對身體不好！」阿明心想這下進入夢鄉之前的宵夜又泡湯了。不過阿明心想，剛剛老婆提的防腐劑，到底都是什麼東西呢？以前在唸化學的時候，怎麼很少聽過呢？阿明決定把它研究清楚。他發現有關防腐劑的新聞報導還真不少。

主題一　恬恬吃三碗公半的毒澱粉

　　遠處又傳來陣陣的豆花叫賣聲：「豆花~~好吃的豆花，快來買喔！」害得阿明食指大動，但此時小潘潘急忙阻止說：「最近毒澱粉事件鬧得沸沸揚揚的，連豆花、粉圓、黑輪等八大食品都難倖免，還是避避風頭，少吃為妙。」阿明驚呼：「這豈不是塑化劑和三聚氰胺（毒奶粉）的另一翻版嗎？」

不可輕忽的毒澱粉事件【2013-05新聞】

　　不肖業者為了讓食物吃起來更Q彈，在我們平常吃的粉圓芋圓粄條黑輪，現在爆出用的是順丁烯二酸酐有毒澱粉，這種有毒澱粉長期吃下肚可能會造成急性腎衰竭，會對腎造成很大的危害。

　　人們現在吃的多半是加工後的「食品」，而非來自天然的「食物」，這些食品常為了美觀、口味、Q彈口感及防腐保鮮等考量而經過一連串的加工過程，因此添加了許多扮演不同功能角色的化學添加物；毒澱粉事件是指市面上販售的粉圓、芋圓、板條、黑輪等食物的主要成分如樹薯粉、

在來粉等，被業者改成違法的化製澱粉，業者在澱粉中添加順丁烯二酸酐以增加其Q彈口感，此酸酐又稱為馬來酸酐或去水蘋果酸酐，也常簡稱為順酐。當它遇水時則會水解成順丁烯二酸，其反應式如下所示。據科學文獻指出，順丁烯二酸沒有急毒性，雖有研究指出對狗的腎臟有毒性的風險，但對於其他動物如老鼠或猴子卻無影響，至於對人類而言，它並不會如塑化劑具有生殖發育的負面效應，亦無潛在的致癌性。因此，若不慎吃進這些含順丁烯二酸的食品時，宜多補充水分，以降低對腎臟造成的可能負擔或傷害。

順丁烯二酸酐　　　　　　　水　　　　　　　　順丁烯二酸

主題二　食品中常見的「有機酸」防腐劑

抽驗豆乾、拉麵、米粉，防腐劑苯甲酸過量【2011-08新聞】

　　抽驗素食店、餐飲店及傳統市場的散裝豆製品，結果發現添加於豆乾的防腐劑苯甲酸有過量的問題，規定每公斤只能添加 0.6 公克。散裝拉麵和水餃皮有添加防腐劑苯甲酸，依照規定這些都是不得添加。另外，粄條和粿仔條也違法加入去水醋酸等防腐劑。

多吃年菜梅乾菜恐苯甲酸超量傷身【2018-01新聞】

　　年節應景食品如脫水水果、醃漬蔬菜、生鮮蔬果、蜜餞食品、米濕製品、即食豆製品等的抽驗結果，其中以「梅乾菜」檢出的苯甲酸含量最高，估算60公斤體重成人每日攝食約1束梅乾菜（約87公克），就有可能會超過建議之苯甲酸每日容許攝取量！

火鍋業者　豆腐違規加防腐劑「苯甲酸」【2017-11新聞】

　　天氣寒冷，民眾喜歡吃火鍋暖身，臺北市衛生局今公告火鍋料產品抽驗結果，有2件檢驗不符規定，其豆腐製品檢出不得添加的防腐劑苯甲酸。

冬至前抽檢湯圓　檢出 QQ 防腐劑過量【2011-12新聞】

　　依據傳統習俗，冬至民眾都會吃點湯圓應應景。抽檢的湯圓都合乎規定，但是配角的「QQ」卻被檢出含有過量防腐劑，檢驗項目包括防腐劑及色素，這項違規產品「QQ」因防腐劑（己二烯酸、苯甲酸）的混合使用量總和超過用量標準。

　　有機酸常用於商業作為防腐劑之用，以防止細菌的繁殖。常見的防腐劑有丙酸、苯甲酸、己二烯酸及其鹽類，通常是鈉鹽、鉀鹽或鈣鹽。例如丙酸鈣是丙酸的鈣鹽，用於加工奶酪、麵包及烘焙食物上，因為它可以防止會讓食物長出綠色霉斑的黴菌生長，卻不會抑制對健康有益的酵母菌的滋生，如好市多所賣的吐司就是用丙酸鈣當防腐劑。我們腸內的細菌消化纖維之後，會產生許多不同的化合物，丙酸是其中之一，甚至有研究指出，丙酸這種短鏈段的脂肪酸不但對身體沒有害處，反而可以防止消化道的疾病發生，甚至可以降低罹患結腸癌的風險。

　　苯甲酸又稱安息香酸，因為苯環的關係，所以它在水中的溶解度並不好，但是如果將它會轉變成苯甲酸鈉、鉀的鹽類就很容易溶解在水裡。根

據 WHO（世界衛生組織）的規定，苯甲酸鈉的使用限量是 0.1%，換句話說，就是每一公斤的食物僅能添加一公克。苯甲酸的過量使用通常是造成產品不合格的主要原因。苯甲酸鈉也是常添加於碳酸飲料、蜜餞、零嘴、蘋果汁、果凍、醃菜及糖漿的防腐劑，我們平常使用的醬油和豆瓣醬就是使用苯甲酸當做防腐劑。苯甲酸進入人體後，數小時後可由尿中排出；如果食入過量的話，因為苯甲酸是一種酸，所以會刺激腸胃，引起胃痛或拉肚子。長期食用大量苯甲酸會造成腹痛、腹瀉、哮喘發作及危害肝、腎及神經系統。研究指出，碳酸飲料中常用的防腐劑苯甲酸鈉可能導致細胞嚴重受損，最終造成肝硬化和一些退化性疾病。由於苯甲酸鈉可能影響小朋友食慾，家長要特別注意零食的成分。小孩如果喝了過多含有苯甲酸鈉和色素的飲料，可能會造成小孩容易過動的傾向。

己二烯酸又稱山梨酸（學名為 2, 4-己二烯酸），其常用的鹽類有山梨酸鉀及鈉，水溶性好，一般用於肉、魚類再製食品、牛肉乾、糕餅、飲料、果汁、泡菜、飲料和酒中當作防腐劑，山梨酸使用限量為 0.075g/kg。山梨酸、山梨酸鉀在人體中可以正常的新陳代謝，因為很容易被分解為二氧化碳和水而排出體外，故對人體比較無害。在動物實驗上，證實山梨酸並沒有導致畸胎及致癌毒性的可能性。因此它是常用防腐劑中毒性最低的，唯一的缺點是山梨酸及其鉀鹽的成本較高。至目前為止，山梨酸已經有漸漸地取代苯甲酸的趨勢。

去水醋酸（Dehydroacetic acid）是屬於防腐劑中毒性較強的一種，其作用可使產品保存更久，變得更蓬鬆、更 Q，又不會影響食物本身的風味，所以食品業者違法濫用於麵包、粉圓、芋圓、米苔目、麵條、湯圓、饅頭、年糕、發糕、布丁等，甚至最近連大家和老外都很愛的珍珠奶茶，因為珍珠奶茶中的粉圓很容易壞，所以會有人用毒性較強的去水醋酸鈉當作防腐劑。但是依據規定，去水醋酸鈉僅能使用於乾酪、乳酪、奶油及人造奶油；每公斤食物的使用量需少於 0.5 克；麵粉及澱粉類產品不得添加

去水醋酸鈉。長期食用去水醋酸會損傷腎功能、噁心、嘔吐、抽搐、無法行走等，並可能增加致癌風險。

以上所提到作為防腐劑的有機酸，其化學結構整理如下：

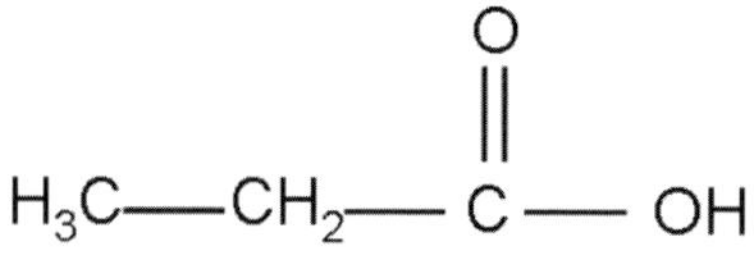

丙酸

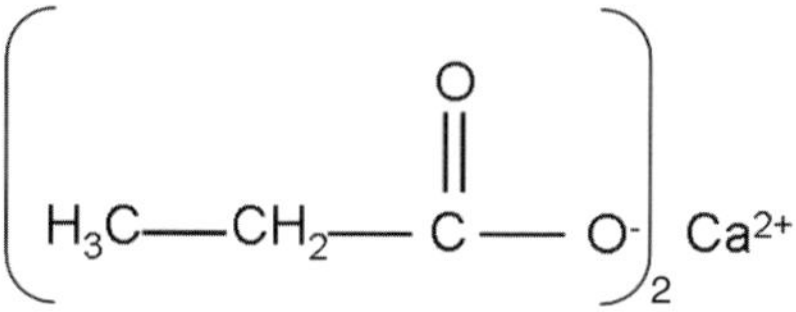

丙酸鈣

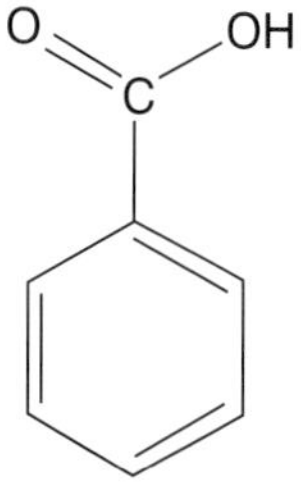

苯甲酸

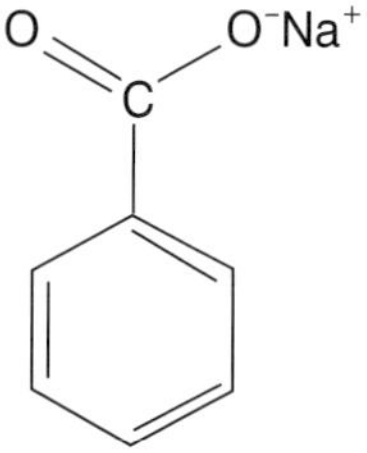

苯甲酸鈉

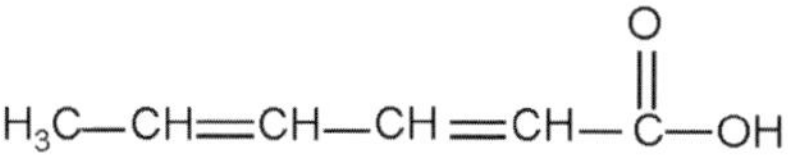

己二烯酸

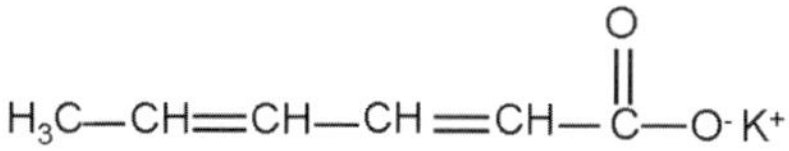

己二烯酸鉀

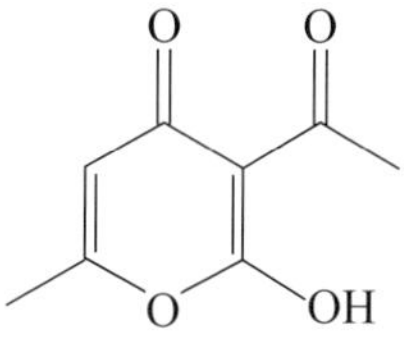

去水醋酸

主題三　QQ 有嚼勁的「硼砂」

　　阿明對於上一次吃早餐無法塗過期的花生醬，一直耿耿於懷，於是這次和小潘潘到了一家傳統早餐店，點了他最喜歡吃的燒餅油條，小潘潘急忙阻止他不要吃油條，她解釋說：「油條一來是油炸的，二來它的 Q 感可能是加了『硼砂』。」阿明心想硼砂應該不是什麼好東西。吃完早餐後，兩人來到了飲料店，小潘潘點了一杯她最喜歡喝的珍珠奶茶，尤其是那 QQ 有嚼勁的珍珠，更令小潘潘垂涎三尺，阿明實在想不懂粉圓就粉圓，為什麼要稱作珍珠，這時候反而是他勸小潘潘不要吃珍珠粉圓，因為他聽說有些商人除了防腐劑以外，為了增加食材的 Q 感，有些也會添加硼砂。阿明這時候很得意，總算報了一箭之仇。不過小潘潘不爽的說：「還不是你們化學的東西闖的禍！」

水晶黏土能含有硼砂，誤食嚴重會休克【2018-07新聞】

　　孩童間正夯的水晶黏土（史萊姆）最多，由於部分水晶黏土成分可能含有硼砂，如未標示使用方法或注意事項，孩童可能就會不小心誤食。

同學惡作劇！拿硼砂當糖粉【2017-05新聞】

　　一名小五男童，放學去補習班的途中，和同學研究如何製作水滴娃娃，沒想到同學竟騙他硼砂粉末是糖粉要他吃吃看，小男童誤食粉末，吐血送醫。

端午吃粽子　小心有害「硼砂」吞下肚【2018-06新聞】

　　端午節快到了，新北市衛生局抽驗端午應景食品，查獲一件鹼粽，違法添加對人體有害的硼砂。

　　硼砂（Borax）是四硼酸鈉（$Na_2B_4O_7 \cdot 10H_2O$）的俗稱，因為毒性較

高，世界各國大多將其列為食品添加物的禁用品，但我國自古就有使用硼砂的習慣，常加在黃油麵、鹼粽、碗粿、丸子類、年糕、油麵、燒餅、油條、魚丸等，主要是因為使用硼砂可以增加食品的韌性、增加 Q 度以及改善食品保水性與保存性，但目前已被禁止使用。

　　硼砂對人體健康是很有影響的，經過胃酸作用，硼砂就轉變為硼酸（H_3BO_3），人體本來對少量的有毒物質可以自行分解排出體外，但是硼酸在人體內有積存性，雖然每次的攝取量不多，但連續攝取會在體內蓄積，引起食慾減退、消化不良、抑制營養素的吸收，因而造成體重減輕，可能的中毒症狀為嘔吐、腹瀉、循環系統障礙、休克、昏迷等所謂的硼酸症。硼酸是一種無機酸，大家想一想，廚房裡總有些蟑螂爬來爬去，很煩人，於是到處布滿「克蟑」的殺蟲劑伺候牠們，克蟑裡面的主要成分就是硼酸，所以我們最好還是不要跟蟑螂吃一樣的殺蟲劑。

主題四　保養皮膚的「果酸」

　　阿明說：「老婆，妳的肌膚怎麼愈來愈光滑動人呢！」，小潘潘說：「哈！你才知道，我最近都用含有『果酸』的保養品來護膚，那很貴的。」什麼！？果酸是什麼東東呢？是不是跟水果有關呢，阿明心裡嘀咕著，心想如果這樣倒不如將吃剩下來的果皮往臉上抹一抹不就成了嗎？幹嘛要花大錢買這些保養品。

> **果酸護膚「酸」過頭　紅腫脫皮恐變豆花臉【2011-12新聞】**
> 　　「果酸」是坊間護膚的美容聖品，不少人常會前往診所進行果酸護膚療程。調查發現有些果酸化妝品中，高達 46%「酸」過了頭，違規原因主要是 pH 值低於規定的 3.5，恐對肌膚造成刺激、紅腫，可能求美不成，反而滿面豆花。

抗氧化面霜經常含有果酸，所謂「果酸」顧名思義就是從水果中萃取出來的有機酸，它是一種 α-氫氧基酸（Alpha(α)-Hydroxy Acid, AHA），也就是說果酸共通的分子結構是在羧酸基（－COOH）旁邊的第一碳上（即 α 碳）接有一個氫氧基（－OH）。自然界含 α-氫氧基酸的來源包括富含甘醇酸的甘蔗、含乳酸的牛奶、葡萄中的酒石酸、檸檬的檸檬酸、蘋果的蘋果酸及苦杏仁中的苯乙醇酸，這些都是常見的果酸。

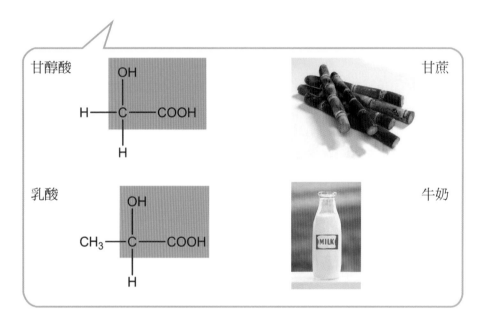

目前市售乳霜的 α-氫氧基酸成分一般都不超過 8%，一般選用甘醇酸，因為它的分子是果酸中最小的，最容易穿透皮膚表層而進入表皮內，去除過度角化的角質層、減少皺紋的深度、除細紋及調整酸鹼值，同時促進真皮層內膠原纖維的增生，進而改善膚質。基本上以果酸護膚是利用它的微酸性，所以對皮膚會有輕微的腐蝕作用，藉此達到表皮老廢，角質汰換的更新作用。建議不要使用含高濃度果酸的面霜，以免過度刺激皮膚而造成皮膚發紅、刺痛、發癢、脫皮等症狀。

主題五　乳臭未乾的分子「乳酸」

　　阿明的女兒小庭不喜歡喝牛奶，阿明就對她說：「多喝一點牛奶，才會長高高喔，以後搞不好可以當『麻豆（模特兒）』！」小庭說：「你自己都不喝，還叫我喝。」阿明說：「你老爸我是喝了牛奶就會拉肚子，妳可不一樣！」小庭說：「我還是比較喜歡喝乳酸飲料、優酪乳，最好是草莓口味的！」阿明想對女兒賣弄一下化學就說：「這些跟牛奶一樣，都含有『乳酸』。」

飲料熱量高　小朋友應少喝【2011-07新聞】

　　許多乳酸飲料酸酸甜甜，讓人忽略熱量，一杯 500 c.c. 的乳酸飲料，相當於一個御飯糰的熱量。因此乳酸飲料熱量相當高。

市售乳酸飲料

　　乳酸（lactic acid, $C_3H_6O_3$）也是屬於 α-氫氧基酸的一種，一個乳酸分子恰巧是半個葡萄糖分子（$C_6H_{12}O_6$），乳酸是碳水化合物經過新陳代謝後的副產物，在人體內的含量很多，蚊蟲可透過我們呼吸時釋出一點點的乳酸而找到我們。新鮮的牛奶含有乳糖（lactose），但乳糖會因為細菌而分解釋出乳酸。這些乳酸會使牛奶中懸浮的脂肪小球之間發生聚集，牛奶於是凝結變質。優格的製造其實是利用相同的原理，只是在過程的條件中以乳酸桿菌和嗜熱鏈球菌混合培養而多一點管控而已，基本上還是需要利用產生乳酸。發酵過的酸黃瓜，其獨特的酸味也是來自乳酸。

Q1：為什麼劇烈運動完肌肉會酸痛？

A1：當我們跑百米全力衝刺之時，我們的肌肉是在氧氣供應不足的狀態下，所以葡萄糖無法進行一般正常的有氧代謝，只能以無氧能源供應的方式將葡萄糖切成兩個乳酸，記得一個乳酸分子恰巧是半個葡萄糖分子；但是以這種方式會使肌肉內的乳酸濃度大為增加，肌肉因此會感到酸痛，甚至抽筋。

Q2：為什麼有些魚肉是紅色的，有些卻是白色的？

A2：鮪魚和鰹魚這類的魚肉是紅色的，因為它的肌肉需要有效率能量產生方式使它能逆流而上，這需要靠肌肉中的肌紅蛋白（Myoglobin, Mb）提供氧分子，然後進行有氧代謝而產生葡萄糖，肌紅蛋白有點像血紅素（Hemoglobin, Hb），這樣的方式使得魚比較有持久的耐力。反觀鯛魚和比目魚的肉色是白色的，它們在碰到危險的時候，需要能夠迅速逃離現場，因此需要在無氧的情況下迅速將葡萄糖分解成乳酸，以獲得能量，不需要肌紅蛋白，所以魚肉是白色的。簡單的說，魚肉是紅色的魚是長跑健將，而魚肉是白色的魚是短跑健將。

Q3：洗牛奶浴，肌膚會變得比較好嗎？

A3：乳酸也是果酸的一種，它是構成人類皮膚的成分之一，是表皮中最主要的水溶液酸性物質，可以滋潤皮膚，因此皮膚用藥裡常含有乳酸的成分。刮鬍刀所用的乳液的有效成分是酒精和乳酸，酒精可以除去因汗水所形成的薄膜外，並可與乳酸合作成為收斂劑，能拉緊皮膚讓體毛和鬍鬚豎起以方便刮除。乳酸和其他果酸一樣，常用於防皺精華霜中，這些有機酸能使表皮脫落，以便使底下比較滑潤的皮膚暴露上來；由此想像以牛奶洗澡，可能還真有點道理。

Q4：開刀手術用的縫線和乳酸有關係嗎？

A4：傳統上的外科手術開刀都必須用羊腸線縫合傷口，等傷癒後再行拆線。現在外科用於體內器官的縫線材料是具有質輕、柔軟、強韌而富有彈性、化學活性低的高分子材料，其材質必須是在體內可以進行生化分解的高分子，這些高分子可與水反應或受體內酵素的作用而分解，其中一類的高分子便是聚乳酸（PLA），它是由一個乳酸的羧酸基（−COOH）與另一乳酸的氫氧基（−OH）反應，形成類似酯類的連接。在體內的話，此類聚酯類的高分子在兩週內便會漸漸水解而釋出人體可以代謝的乳酸，因此不需要拆線的步驟了。

Q5：不常喝牛奶的人，為什麼一喝牛奶，肚子就不舒服？

A5：牛奶中主要的成分是乳糖，它是一種雙醣的分子，由一個葡萄糖和一個半乳糖結合而成的。人體需要一種酵素來分解乳糖，這種酵素稱為乳糖分解酶（lactase），此酵素可以將乳糖切斷分解成葡萄糖和半乳糖，這樣才能穿透小腸壁，進入血液。如果人體這種酵素的濃度太低，那麼乳糖就會作怪，此時它會停留在腸內太久，腸內的各種細菌就有機會將乳糖分解成二氧化碳、氫氣和乳酸，因此肚子就會覺得漲漲的或者會拉肚子。我們在孩童時期，體內的這種酵素濃度很高，所以喝牛奶不會有問題；但是長大後，如果沒有常喝牛奶的話，這時候人體的酵素濃度就會慢慢減少，因此才會偶而喝一杯牛奶，肚子就哇哇叫抗議囉！

| 主題六 | 有吃有保庇的「維他命 C（抗壞血酸）」 |

　　「最近『左旋』維他命 C 很夯，是美容及美白的聖品，阿明你看能不能在實驗室幫我合成看看，但是現在你趕快先去幫我買左旋維他命 C，我要來用它來保養我的肌膚，一定要左旋的！」阿明的老婆碎碎唸著。阿明一聽「左旋」，心都涼了一半，就說：「老婆大人，妳平常不就常吃維他命 C 的藥丸，妳有所不知，這左旋真的很玄，我實在做不來。」老婆說：「虧你還是化學博士，怎麼那麼沒用。」阿明心想「左旋」的學問真的很大。

> **沒事亂補維他命　專家警告有生命危險【2012-01新聞】**
> 　　多服用維他命 A、Beta 胡蘿蔔素以及維他命 E，都顯著地提升死亡率。不過，在維他命 C 及微量元素硒，則未顯示有這樣的情形。

　　維他命又稱為維生素，它的英文是 vitamin，意謂是一類維持生命的重要物質，1912 年波蘭的生物化學家方克（C. Funk）將這些重要的物質統稱為維他命，他原本以為這些物質都是胺類，所以稱為「vital amines」，事實上後來證實並不是所有的維他命都是胺類。

Q1：維他命 C 為何又稱作「抗壞血酸」？

A1：十五世紀可以說是歐洲人的航海世紀，但是當時有一個問題就是長期出外航海的人，常會出現牙床出血、牙齒脫落、關節疼痛、腫脹等壞血病的症狀，後來發現只要在航海途中攜帶大量的柑橘類水果的話，就很少發生壞血病，這也造就了往後英國的庫克船長能於 1776 年帶著他的船員成功登陸紐西蘭，從此庫克船長終結了壞血病。後來研究才了解原來是柑橘類水果含有豐富的維他命 C，可以有效地防止壞血病，因此維他命 C 又稱

作「抗壞血酸」（ascorbic acid）。

Q2：維他命 C 是怎麼被發現的？

A2：1928 年匈牙利的生化學家艾伯特・聖喬其（Albert Szent-Gyorgyi）是最早分離出維他命 C 的人，後世尊之為「維他命 C 之父」。剛開始他是從腎上腺和甘藍菜分離了一種少量的化合物，那時他猜想就是維他命 C，但是他不確定維他命 C 的真正化學結構是什麼？於是當他將研究成果投稿到生化期刊想要發表時，他將它取了一個有趣的名字叫「Godnose」，意思就是「上帝的鼻子」，或者他的意思就是「God knows」，也就是天曉得的意思，因為他當時並不知道維他命 C 的化學結構。也許取名成 Godnose 是因為他認為該化合物和葡萄糖（glucose）和果糖（fructose）類似，所以字尾加上「-ose」，想不到當時的主編不贊同用此名字，因此後來改用 hexuronic acid（己糖醛酸）。四年之後，兩位美國科學家確認這是預防壞血病的關鍵物質，並正式將其命名為維他命 C。後來聖喬其將他分離所得的化合物寄給當時的英國醣化學研究專家海沃斯（N. Haworth），海沃斯成功地鑑定出維他命 C 的化學結構，如下圖所示：

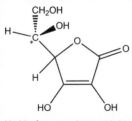

維他命 C，打星號的
碳是對掌中心

維他命 C 藥丸

柑橘

在 1937 年聖喬其和海沃斯同時分別獲得諾貝爾的醫學和化學獎。聖喬其主要成就是對生物氧化過程的研究，特別是維他命 C 與延胡索酸（fumaric acid）的催化作用。

Q3： 天然和合成的維他命 C 有不一樣嗎？

A3： 純就化學結構來看，天然和合成的維他命 C 都是一樣的，但是天然食物除了含維他命 C 外，都還有一些其他的成分在，所謂天然的就是從植物中萃取提煉，再加以濃縮純化而成的，不管是人工合成或是天然萃取的，重點在於它的製程中有沒有引入一些不同的成分。這和維他命 E 是不一樣的，天然的維他命 E 有八種，我們很難用人工合成完整具備這些維他命 E，但是維他命 C 只有一種。

Q4： 人體可以自行合成維他命 C 嗎？

A4： 人類身體本身無法自行合成維他命 C，必須靠外界攝取。昆蟲、魚類和哺乳動物中的天竺鼠和猿猴也一樣無法自行合成維他命 C，但像動物中的兩棲類、爬蟲類和大多數的哺乳動物如牛、羊、貓、狗都不缺維他命 C，因為它們會自身合成維他命 C。

Q5： 維他命 C 可以預防感冒嗎？

A5： 一般人快要感冒時，總是要趕快吞一顆維他命 C，相信維他命 C 可以預防感冒，但在醫學上的角度來看，維他命 C 是否可以預防感冒仍然是受到質疑的。偉大的化學家鮑林（Linus Pauling），他的一生拿到兩次諾貝爾獎，他在化學和生物化學方面上的成就是非常斐然的，他提出了很多創新的概念如分子鍵的特性、分子、結晶和蛋白質的雙螺旋結構，因此他在 1954 年拿到諾貝爾化學獎，之後他大力反核，並在 1962 年獲得和平獎。鮑林大力鼓吹服用大量的維他命 C 可以預防感冒，甚至可以防

癌，他活了九十三歲，但其實他在八十三歲時就已經發現身體有癌細胞了，他認為他之所以能夠多活十年，是因為他每天都服用高劑量的維他命 C，譬如一天服用至少十公克維他命 C，但是他的太太卻因為胃癌而比他早辭世，因此他的論調受到質疑。鮑林在這方面還出了兩本通俗的暢銷書，分別是「Vitamin and Common Cold」（維他命 C 與一般感冒）和「How to Live Longer and Feel Better」（如何活得更久及感覺更好）。現在衛生署建議成人一天的劑量是不要超過 2000 毫克，多吃了也是沒用，因為維他命 C 是一種水溶性的維他命，這可從它的化學結構看出一點端倪，它的化學結構有好幾個氫氧基，可以預期它可以溶解於水，因此是水溶性的，事實上當你吃太多維他命 C 時，過多的維他命 C 會隨著尿液而排出體外。因為維他命 C 在人體內的代謝產物主要是草酸，因此服用高劑量維他命 C 的風險是有助於草酸鈣的形成，造成腎結石的機會增加。

Q6： 何謂「左旋」維他命 C？

A6： 曾幾何時美白美容的廣告大力放送「左旋」維他命 C 的神效，雖然搞不清楚左旋是什麼意思，但是名字很特別、很炫，應該有特殊的效果吧！這是一般人的想法，於是掀起搶購的熱潮。「左旋」其實講的是分子的立體空間結構，如果一個碳原子接上四個不同的基團，則此碳原子稱為對掌中心，此時的化合物會有兩種異構物，稱為光學異構物。這就如同我們的左右手掌，左手掌和右手掌是無法前後完全疊在一起的，但是如果在中間放上一面鏡子，則你的左手掌在鏡子裡就變成的右手掌了，所以我們說左右手掌互為鏡像，就如同兩種的光學異構物，分別稱為 D 和 L 型式，或稱左旋和右旋。它們對偏極光

（特定方向的光）旋轉的方向剛好相反，一個是順時鐘方向，另外一個是逆時鐘方向，因此稱為左旋和右旋。所以第一步要先檢查一下維他命 C 的化學結構有無對掌中心。在下圖結構中打星號的碳即是對掌中心。大自然中的維他命 C 是左旋的，所以跟你吃的營養品中的維他命 C 是一樣的。上帝真的很神奇，大自然中常存在特定的立體結構，像葡萄糖是 L 型式的。現在有一些藥物也多會標示其單一立體結構，因為常常左旋可能是救命仙丹，右旋卻可能是致命的毒藥喔。

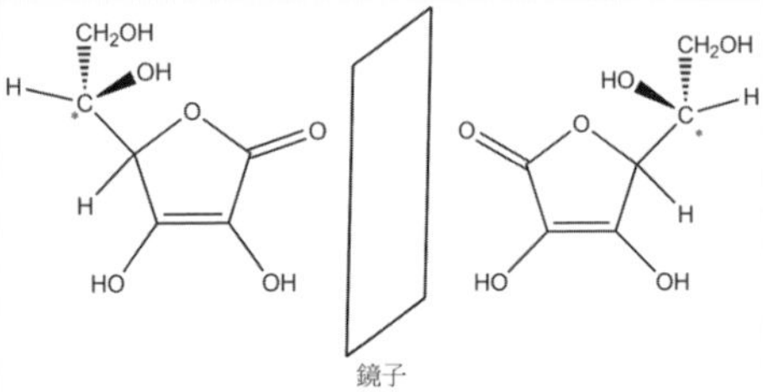

維他命 C 的化學結構，注意打星號的碳是對掌中心，此兩分子無法互相重疊，但是卻互為鏡像，如同我們的左右手掌一般。

Q7：為什麼維他命 C 容易變質？

A7： 維他命 C 本身就是一種還原劑，也就是說它自己很容易被氧化，還原劑的意思就是幫助別人還原，自己被氧化，維他命 C 在空氣中會被氧化成去氫壞血酸（結構如下）而變黃、變質。身體內的許多氧化代謝的反應它都有參一角，尤其是傷口、止血等處纖維結締組織的合成都需要維他命 C，它的角色有點像水泥，將維持各部分的組織黏在一起，使得傷口容易癒合。

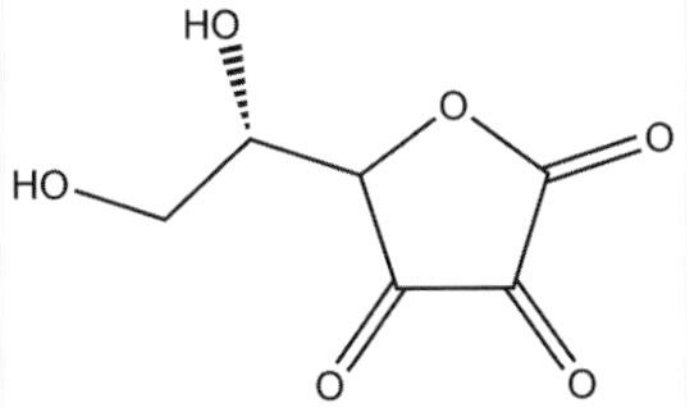

去氫壞血酸

Q8：我們常在食品如熱狗看到一種成分稱「異抗壞血酸鈉」，為什麼要加它？

A8：異抗壞血酸是維他命 C 的同父異母的兄弟，它的鈉鹽即異抗壞血酸鈉（sodium erythobate）有防腐的作用，還記得嗎？有機酸和它的鈉鹽可以當作防腐劑，這樣製造商就不需要加太多的亞硝酸鹽（見於第一課），另外它也是很好的氧氣清除劑，可以防止肉類與氧氣反應而變質，進而產生不好的氣味。異抗壞血酸鈉可以和氧氣作用產生乳酸和乙醇酸，再進一步反應變成二氧化碳。

主題七　胎兒的好朋友「葉酸（維他命 B9）」

　　阿明的老婆懷孕時，去做例行性的產檢，醫生對她說：「孕婦要記得多補充葉酸，對於胎兒很有幫助。」阿明一時沒注意聽成「葉歡」，心想那不是他年輕時心儀的偶像歌手嗎？一不小心就遭了老婆一頓白眼。

攝取葉酸　有助提升學業成績【2011-07新聞】

　　研究發現，青少年多攝取葉酸，有助於提升在校學業成績。研究人員表示，「葉酸對於腦部發育與運作，扮演相當關鍵的角色，一旦攝取不足甚至可能失智。」

多攝含葉酸食物　防大腸癌上身【2011-07新聞】

　　想避免大腸癌上身，可多攝取較多含葉酸的食物。研究顯示無論哪種葉酸形式、葉酸來源好像都可以減少大腸癌風險。

　　葉酸（folic acid）的結構如下頁所示，因為具有兩個羧基（－COOH），所以它是一種有機酸，它也含有胺類和醯胺的官能基，也是因為這樣，它是一種水溶性維他命，屬維他命 B 群（B_9）的一種，葉酸是參與正常細胞成長、分裂、修復、合成 DNA 所必須的營養素。尤其是孕婦懷孕初期很重要的營養素，足夠的葉酸能減少準媽媽出現貧血、倦怠、情緒低落、暈眩等症狀，並能預防胎兒出現神經管缺陷、腦部發育不良等一些重要的神經管缺損的問題，例如脊柱裂或水腦等。因此，婦產科醫師大多會建議準媽媽從懷孕初期就應該增加葉酸的攝取量。在天然食物中就可發現葉酸蹤影，葉酸可以經由深綠色蔬果，例如菠菜、小扁豆、洋菇、南瓜、芥藍菜、蘆筍中攝取。另外動物肝臟、魚油、豬肉、蛋黃、鮭魚、馬鈴薯、黃豆製品、花生、麥麩等也都富含葉酸。植物性食物的葉酸含量較高，只要飲食均衡的話，其實是不太需要擔心葉酸不足的問題。

葉酸的化學結構　　　　　　　　菠菜富含葉酸

主題八　妙用無窮的止痛劑「阿斯匹靈」

　　阿明最近工作很累，肌肉痠痛，就塗了痠痛藥膏，小潘潘走過他的身旁大叫說：「阿明，你塗的是什麼東西，怎麼那麼嗆鼻？」阿明心想我怎麼知道是什麼化學成分，我來查查看好了。

　　阿明的爸爸疑似中風住院了，後來診斷出是因為腦炎的關係，但是老人家仍不免有「三高」（高血壓、高血脂、高血糖）的問題，出院後醫生就開了一些「伯基」，阿明一看它其實就是阿斯匹靈，心想醫生是不是開錯藥了，阿斯匹靈不是消炎止痛的嗎？醫生就解釋說：「放心好了，阿斯匹靈有新的效用就是可減少冠狀動脈堵塞、心臟病及中風的風險。」

孩子擦薄荷膏　小心甲基水楊酸中毒【2007-08新聞】

　　寶寶被蚊蟲叮咬，肚子漲氣，許多媽媽都幫孩子塗抹含有薄荷成分的外用藥膏藥水，來止癢消脹。綠油精、白花油、擦勞滅等外用藥品都合併添加了薄荷、**甲基水楊酸**，如果幼童使用過量，可能造成呼吸抑制。

使用過量含甲基水楊酸的痠痛藥膏猝死【2007-12新聞】

國外運動選手疑使用過量痠痛藥膏猝死，由於甲基水楊酸會刺激呼吸中樞，增加呼吸速率，提高體內耗氧量，並增加二氧化碳產出，間接影響體內酸鹼值及電解質平衡，若使用不當，會造成中毒。

阿斯匹靈　降低腸癌發病率【2011-10新聞】

研究發現定期服用阿斯匹靈可預防心臟病，但也增加罹患胃潰瘍風險，新研究顯示常被用來舒緩頭痛症狀的止痛藥阿司匹靈，可能是結腸直腸癌症病患最「廉價」的救星，降低發病率逾六成。

研究：阿斯匹靈有助抑制癌擴散【2012-02新聞】

研究發現，阿斯匹靈可能得以藉由協助關閉滋養腫瘤的化學「管道」，抑制癌症擴散。科學家指出，淋巴血管是腫瘤轉移至全身的關鍵，阿斯匹靈般的分子可有效降低主要血管擴張，因此能減少腫瘤擴散至遠處的能力。

古希臘時代開始就拿柳樹皮作為止痛之用，柳酸在 1860 年首次從柳樹皮中分離出來，不但可以止痛，對治療風濕亦有效用。柳酸又稱為水楊酸（salicylic acid），學名為鄰羥基苯甲酸（2-hydroxybenzoic acid），化學式為 $C_6H_4(OH)COOH$，化學結構為氫氧基（或稱羥基）和羧酸基相鄰連接在苯環上，所以是屬於 B 氫氧基酸。水楊酸是弱酸，因此有一點腐蝕性，所以可以用來治療粉刺、面皰、傷疤等肌膚問題。水楊酸藥物的運作機制在於讓表皮細胞加速代謝掉老舊細胞，防止毛孔阻塞，又因水楊酸是脂溶性的，有利於溶解角質層，讓新細胞有更多空間成長。先前所講的果酸是一種水溶性的成分，分子小，容易滲透到皮膚的深層。所以果酸的作用是直接影響表皮基底層細胞代謝，並促使真皮層的膠原細胞增生。相反地，水楊酸是一種脂溶性的成分，分子較大，所以不容易滲入皮膚深

層，也因此作用侷限於淺層的表皮組織，對於淺層角質的去除效果優於果酸。許多洗髮水中可能會添加一些水楊酸，作為去除頭皮屑的有效成分。衛生署公告水楊酸化妝品皆需加註警語，三歲以下小孩和肝腎功能不好者不得使用，以免對肝、腎造成不良影響。因其有乾燥防菌的功能，水楊酸曾被使用於食物防腐，但現在已被停用。

植物受到菌類或病毒侵襲時，它會建立一套防禦系統，它會產生水楊酸來保護自己，據研究指出，有機蔬菜的湯所含的水楊酸的濃度，是一般蔬菜湯的九倍，這應該是因為有機蔬菜的栽培是不用殺蟲劑的，所以有機蔬菜必須自我救濟，不得不製造多一點水楊酸以保護自己。

水楊酸是一個有趣的分子，它同時具有酸和醇的兩種官能基，它可以進行兩種不同的酯化反應。例如，當與甲醇反應時，水楊酸的行為如同酸，且會產生水楊酸甲酯（Methyl salicylate），又稱柳酸甲酯，也就是冬青油（wintergreens）。新聞報導中的甲基水楊酸其實應該叫做水楊酸甲酯，它是一個止痛劑，它是許多肌肉痠痛擦劑的主要成分如肌樂及 Ben-Gay，只適於外用，不可以口服。在家庭常備用藥中如小護士、綠油精、白花油、萬金油、紅花油、撒隆巴斯和止痛藥布等，都含有水楊酸甲酯。它對暈車、暈船也具效果。因為水楊酸甲酯是一種酯類，所以它會有一股薄荷香味。任何藥物過量使用都有致命危險，以曼秀雷敦藥膏為例，就含有 0.22% 水楊酸甲酯，只要適當塗抹在局部皮膚，並不至於造成中毒，但如果誤食了過量的萬金油或白花油，則可能出現呼吸急促加快，喘個不停，如果沒有給予適時急救，就可能造成死亡。

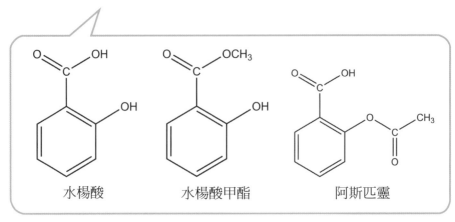

水楊酸　　　　　　水楊酸甲酯　　　　　　阿斯匹靈

柳樹　　　　　　　痠痛藥膏　　　　　阿斯匹靈膠囊

　　若以醋酸（較強的酸）處理時，水楊酸的行為如同醇，所產生的酯類是乙醯柳酸，即為熟知的阿斯匹靈（Aspirin），它是一種大量製造且廣為使用的止痛劑，是德國的藥廠拜耳公司於 1899 年所發展出來的；當時德國化學家霍夫曼（F. Hoffman）在拜耳公司工作，為了減輕他父親飽受關節炎之苦，經過不斷嘗試各種水楊酸的衍生物，終於皇天不負苦心人，讓他發現阿斯匹靈十分溫和，對胃的刺激不像水楊酸那麼大。

Q1：為什麼阿斯匹靈可以止痛？

A1：當細胞因為疾病等因素而受到刺激時，細胞膜的成分會因此改變而產生「前列腺素」，使得血管擴張而造成疼痛與發燒的症狀，阿斯匹靈可以阻斷前列腺素的產生，前列腺素具有抑制胃酸的分泌，保護胃壁黏膜的作用，而阿斯匹靈減少了前列腺素的分泌，所以多少會對胃部造成些微的傷害，因此會加入一些緩衝溶液的配方如檸檬酸的鹽類或是小蘇打（碳酸氫鈉），以減少對胃的刺激，阿斯匹靈的可能副作用是造成腸胃出血。

阿斯匹靈會阻止血的凝聚，因此要動外科手術的人、孕婦及其他可能出血的病人，應該在一星期以前停止使用阿斯匹靈。人們服用了阿斯匹靈作為止痛劑那麼多年之後，最近才發現每天食用少量的阿斯匹靈，可減少冠狀堵塞、心臟病及中風的風險，現在又報導阿斯匹靈也會降低罹患腸癌和胰臟癌的機率，可見阿斯匹靈小小一個分子，真是有點給它太靈通了。

主題九　揹什麼「油」

阿明早餐烤了一片吐司，但這次他沒有花生醬可塗，就隨手抓了一罐奶油要塗在吐司上面，但只聽小潘潘說：「我看你還是不要塗這種人造奶油，小心吃多這種人造奶油會讓你中風。」這時阿明突然覺得自己對平常所吃的食物油中的化學知識好像很缺乏，有必要惡補一下。

大豆油當炸油　易生反式脂肪【2010-08新聞】

攤販、夜市經常使用大豆油來當油炸油，但研究發現大豆油在加熱過程中反而容易產生反式脂肪，甚至比氫化過的酥油還高，大豆油並不適合油炸，比較適合涼拌或快炒。

906噸過期乳瑪琳 竟僅回收14噸【2017-03新聞】

　　廠商使用逾期原料再製乳瑪琳等906公噸的相關產品，衛福部食藥署昨已通知4大超商、14家大型通路下架回收。

食藥署正名「乳瑪琳」不是氫化人造奶油（margarine）【2015-09新聞】

　　熱門商品「乳瑪琳」是人工油脂，成分為棕櫚油、黃豆油等植物油，以水、乳化劑、大豆卵磷脂、脂肪酸丙二醇酯所製的人造奶油，經冷凍與捏合的結晶技術製成，過程中不使用氫化技術及添加氫化油，不會產生人工反式脂肪酸。食藥署澄清指出經氫化的人造奶油（margarine）是泛稱，中譯名稱可能有許多種，例如「瑪琪琳」、「馬芝蓮」等，與奶油品牌「乳瑪琳Milkmarrine」是不同的。

「不完全氫化油」自107年7月1日起，不得使用於食品中【2018-07新聞】

　　衛生福利部為維護國民健康，避免食品中所含人工反式脂肪酸對人體健康之危害，讓民眾食的安心，規定自107年7月1日（以製造日期為準），食品中不得使用不完全氫化油（部分氫化油）。依據該公告，「不完全氫化油」係指經氫化處理，但未達完全飽和，碘價大於四之油脂。

　　脂肪酸就是油脂，分成有飽和的（saturated）與不飽和的（unsaturated）脂肪酸兩種型態。分子鏈上的碳與碳之間，如果都是以單鍵連結的，就稱它為飽和脂肪酸，例如豬油、牛油、雞皮等動物脂肪及椰子油和棕櫚油中，就含有大量的飽和脂肪酸，常見的如硬脂酸（stearic acid），它是十八個碳的飽和脂肪酸；如果碳與碳之間是以雙鍵結合，則是不飽和脂肪酸，像是芝麻油、大豆油、葡萄籽油、橄欖油、葵花籽油等植物油中，就含有豐富的不飽和脂肪酸。如果結構中只有一個的碳與碳的雙鍵，則為單

元不飽和脂肪酸，如橄欖油是最健康的食用油之一，它的最主要的脂肪酸是油酸（十八烯酸，oleic acid），它是十八個碳的單元不飽和脂肪酸，像希臘人和義大利人雖然吃很多的脂肪，可是罹患心臟病的比例比其他北美洲的地區要來得低，可能是因為常用橄欖油烹煮食物的緣故。再依據組成雙鍵的這兩個碳原子上，所鍵接的兩個氫原子在雙鍵同一側或不同側，而區分成順式脂肪酸或反式脂肪酸（示意圖如下頁），自然界中存在的脂肪酸大多以順式的形式存在。碳鏈上具有一個以上的雙鍵，則為多元不飽和脂肪酸。不飽和脂肪酸不會增加我們血液中膽固醇的含量。

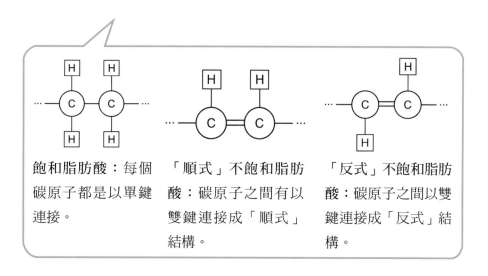

飽和脂肪酸：每個碳原子都是以單鍵連接。

「順式」不飽和脂肪酸：碳原子之間有以雙鍵連接成「順式」結構。

「反式」不飽和脂肪酸：碳原子之間以雙鍵連接成「反式」結構。

以下是這三種脂肪酸的代表性分子：

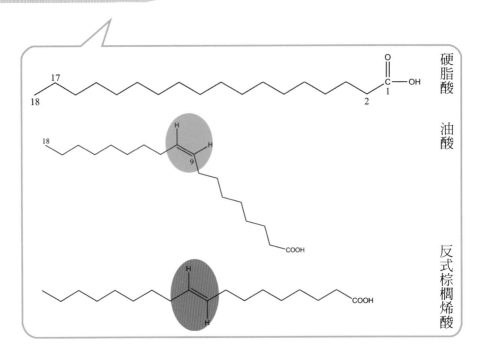

常見的脂肪酸依飽和與不飽和的型態加以分類整理如下表：

名稱	化學式	主要來源
飽和的		
丁酸	$CH_3(CH_2)_2-COOH$	奶油
己酸	$CH_3(CH_2)_4-COOH$	奶油
月桂酸	$CH_3(CH_2)_{10}-COOH$	椰子油
硬脂酸	$CH_3(CH_2)_{16}-COOH$	動物蔬菜與脂肪
花生酸	$CH_3(CH_2)_{18}-COOH$	花生油
不飽和的		
油酸	$CH_3(CH_2)_7CH=CH(CH_2)_7-COOH$	玉米油
亞麻仁油酸	$CH_3(CH_2)_4CH=CH-CH_2-CH=CHCH(CH_2)_7-COOH$	亞麻子油

次亞麻仁油酸	$CH_3CH_2CH=CH-CH_2CH=CH-CH_2-$ $CH=CH-CH(CH_2)_7-COOH$	亞麻子油

Q1： 為何豬油在室溫下是固態的，而植物油卻是液態的？

A1： 飽和脂肪酸結構中所有的碳與碳都是單鍵，它的結構整齊，彼此能有序而緊密的排列在一起，因為這樣的堆疊使得分子之間緊緊地作用在一起，因此熔點比較高。這種情況就如同「木材」的堆積（見下圖所示）是一樣的道理，因為每一根木材都是直直圓圓的，堆疊起來可以很密實。因此飽和脂肪酸含量高的動物性脂肪，例如飽和脂肪酸占了 50% 的牛油、占了 40% 的豬油等，在室溫下就呈固態。碳鏈愈長的脂肪酸愈不容易熔化，如硬脂酸它有十八個碳，它的熔點是 70℃。

飽和脂肪酸的堆疊

木材的堆積

相反地，順式脂肪酸中的雙鍵處會發生轉折，使分子排列起來卡卡的，不易緊密結合，因此順式脂肪酸分子間的作用力比較小，所以熔點比較低，在室溫下是液態。這種情況就如同「樹枝」的堆積是一樣的道理，因為每一根樹枝都是支鏈的小樹枝，堆疊起來會卡

卡的，會有比較多的空隙，造成堆疊起來不紮實（如下圖所示）。大豆油、玉米油、葵花籽油、橄欖油等，飽和脂肪酸含量都不到15%，這些油即使放入冰箱冷藏，也不會凝固。換句話說，如果雙鍵數目增加，脂肪酸就會變成液體。如硬脂酸是十八個碳的飽和脂肪酸，它的熔點是 70℃，如果加上一個雙鍵變成油酸，則它的熔點就變成 13℃，整整掉了五十幾度。

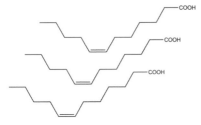

順式脂肪酸分子間的堆疊　　　　　樹枝的堆積

反式脂肪酸的氫原子在雙鍵的異側，雙鍵彎折輻度比順式脂肪酸小，其表現出來的特性較像飽和脂肪酸。所以它的排列方式如同飽和脂肪酸一般的紮實，如下圖所示：

Q2： 為什麼植物油不適合高溫炒炸？

A2： 植物油大部分含不飽和脂肪酸，所以分子的結構是有雙鍵，我們先前提過碳與碳之間的雙鍵要比單鍵反應性高，因此當你高溫炒炸，植物油中不飽和脂肪酸的雙鍵會搞怪，還記得嗎？雙鍵中的電子是蠢蠢欲動的，雙鍵在高溫的條件下容易產生一連串的聚合反應而造成油品變質，這種變質的植物油是你不想吃下肚的。

Q3： 為何深海魚含有較多的不飽和脂肪酸呢？

A3： 深海的溫度很低，所以要保持身體脂肪在液體的狀態，深海魚所儲存的脂肪必須是不飽和脂肪酸所組成的，如果是飽和脂肪酸的話，深海魚早就凝固動不了。

Q4： 人造奶油是什麼？為何那麼軟硬適中呢？

A4： 在麵包上塗抹香滑的人造奶油，是許多人的早餐選擇，天然油脂中的不飽和脂肪酸大多為順式型態，只有牛乳與氫化油脂含有少量反式脂肪酸；如前所述，飽和脂肪的長分子鏈結構較平直，堆疊容易且緊密，但如果是在人體血管內堆積，恐怕易引起心血管疾病或動脈阻塞。因此，隨著人們生活品質的講究之後，消費者漸漸排斥吃這種飽和脂肪酸的油品，這迫使食品業者轉而使用不飽和脂肪酸，因為不飽和脂肪酸的長分子鏈扭曲糾結，無法整齊堆疊，不容易在人體血管內堆積。食品工業上，為提高油脂的穩定性及使食品具有酥脆的口感，需要飽和脂肪酸來調配軟硬適中的人造奶油。因此利用不飽和脂肪酸具有雙鍵的特性，在過渡金屬觸媒如鎳的催化下，在高溫如200℃下通入氫氣進行氫化反應以產生飽和脂肪酸，形成俗稱的「氫化植物油」或「部分氫化植物油」，最為人熟知的就是人

造奶油、酥油以及乳瑪琳，其過程如下圖所示。據傳當初法皇拿破崙三世曾祭出懸賞「一種可以替代奶油，可供海軍和中下階級使用的物質」，結果重賞之下必有勇夫，化學家邁其莫里（Mege-Mouries）發明油類氫化的過程，因為他是唯一的應徵者，所以他自然而然獲得了獎金。當初他在製造人造奶油時會出現珍珠般的光澤，因此稱人造奶油為乳瑪琳（Margarine），這個字是希臘文「珍珠」的意思。

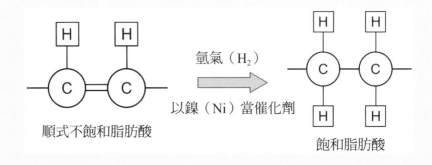

但不幸的是在這氫化過程中有些順式的不飽和脂肪酸會轉變成比較穩定的反式脂肪酸。反式脂肪酸的結構類似飽和脂肪酸，油分子間的吸引力較強，容易發生分子鏈堆疊的現象，因此在常溫下是固態。目前食品包裝上標示成分，如稱為氫化植物油、部分氫化植物油、氫化脂肪、精煉植物油、氫化菜油、氫化棕櫚油、固體菜油、酥油、人造酥油、雪白奶油或起酥油即含有反式脂肪酸。糕餅、太陽餅、鳳梨酥、蛋黃酥、月餅、喜餅等加工食品中，為了增加口感所添加的酥油，就屬於氫化植物油。也由於氫化油不易敗壞，可以重複在高溫中油炸食物，使食物酥脆、賣相好，許多業者為了降低成本，都使用氫化油來炸薯條、雞塊、洋芋片、爆米花、

油條、鹽酥雞等食品，這些脆酥可口、香甜美味的食物是許多人的最愛，但是它們會增加罹患心血管疾病的風險，這可是我們健康的一大殺手。

主題十 Oh！My God「不飽和脂肪酸」

阿明要去幫小庭買奶粉，小潘潘就提醒說：「記得要買有添加DHA、EPA的。」這時阿明丈二金剛摸不著頭緒，心想這些專有的名詞怎麼突然冒出來。小潘潘接著提醒：「順便買一罐含有 Omega-3 脂肪酸的魚油，預防你的心血管疾病。」怪怪！阿明以前唸化學怎麼沒聽過 Omega-3 脂肪酸，這是什麼玩意兒呢？

心血管清道夫──小小魚油【2010-11新聞】

研究證實魚油富含人體所需的 Omega-3 多元不飽和脂肪酸和DHA、EPA 等多種重要成分，能夠降低體內膽固醇，能有效預防心血管疾病。

食療減緩憂鬱症，魚油可治腦發炎【2011-02新聞】

得憂鬱症的人，腦是處在慢性發炎的狀態，研究顯示 Omega-3多元不飽和脂肪酸，具有神經功能維護和抑制過度發炎反應的生理功能，而吃深海魚就可以攝取到 Omega-3。

女性吃魚　防大腸息肉【2012-02新聞】

研究顯示，女性一週如果可以吃到三份魚類以上，魚類中的Omega-3 脂肪酸可減緩身體發炎反應，可幫助減少大腸息肉風險。大腸息肉長在腸道內壁，可能演變成癌症腫瘤。像鮪魚、鮭魚、沙丁魚等都含有豐富的 Omega-3 脂肪酸。

市售食用油

Q1：什麼是 Omega-3、6、9 不飽和脂肪酸？

A1：千萬別誤會，3、6、9 這些數字並不是代表脂肪酸結構中的碳碳雙鍵的數目。Omega（又寫成 ω）是用標定食物中常用的不飽和脂肪酸中碳氫鏈上雙鍵的位置，因為 Omega 是希臘字母中最後一個字母，所以 Omega 所標定位置的碳原子是指距離羧酸基（－COOH）最遠的碳原子開始算起，最常見的油酸是 Omega-9 脂肪酸，因為其雙鍵位於第九個和第十個碳原子之間（結構見於上），食物中常見的多元不飽和脂肪酸列表如下：

俗名	英文名及簡稱	碳原子數	雙鍵數目	Omega 標定位置
亞麻油酸	linoleic acid	18	2	Omega-6
次亞麻油酸	linolenic acid	18	3	Omega-3
花生四烯酸	Arachidonic acid	20	4	Omega-6
二十碳五烯酸	EPA $CH_3(CH_2CH=CH)_5(CH_2)_3COOH$	20	5	Omega-3

俗名	英文名及簡稱	碳原子數	雙鍵數目	Omega標定位置
二十二碳六烯酸	DHA $CH_3(CH_2CH=CH)_6(CH_2)_2COOH$	22	6	Omega-3

Q2：目前市面上許多嬰兒奶粉所標榜的 DHA 和 EPA 成分，指的是什麼？

A2：DHA 和 EPA 成分對於孩童的腦部智力發展，或預防老年人罹患阿茲海默症，都有十分大的幫助。DHA 是二十二碳六烯酸，它是構成腦子與視網膜的主要脂肪，人腦約有百分之六十的組成物質都是脂肪，所以說我們都是肥頭肥腦，實在是不為過。為什麼嬰兒補充 DHA 很重要，可以從母乳的成分看出一點端倪，母乳是含有高濃度 DHA 的食品，這或許已經暗示我們它在嬰兒的眼睛和腦部發育所扮演的重要角色。DHA 和 EPA 都被認為會幫助頭腦變聰明，這不是沒有道理的，人體內有一種可以促進腦部神經細胞生長的荷爾蒙，DHA 和這種荷爾蒙的製造有關；另外研究發現阿茲海默症（老人癡呆）的患者，其腦部負責資

訊進出的海馬迴中的 DHA 含量比一般人少很多，除此之外，人腦有一道所謂的血腦屏障的大門，可以用來辨識何種物質進出大腦，DHA 就是可以順暢進出這道大門的物質之一。DHA 和 EPA 雖然長得有點像，話說如此，EPA 就沒有辦法像 DHA 那樣可以在腦部中輕易進出，所以 EPA 幫助頭腦變好的效果沒有 DHA 那麼好。

我們人體無法合成 Omega-6、Omega-3 不飽和脂肪酸，因此需要由外界取得，鱈魚、鮭魚、鯡魚、秋刀魚、鮪魚、鱒魚、沙丁魚和鯖魚等油脂較多的魚類都富含 Omega-3 多元不飽和脂肪酸。每週至少應該吃魚兩次，較能預防心血管方面的疾病，其他疾病如關節炎、皮膚病、過敏和老化等相關疾病也會有幫助。玉米油、月見草油、植物油；大豆、葡萄籽、堅果類如花生、核桃、芝麻、腰果、瓜子等，都是 Omega-3 多元不飽和脂肪酸豐富的來源。次亞麻油酸也是一種 Omega-3 不飽和脂肪酸，它會在人體內代謝成 DHA 或 EPA，它們的結構比較如下。曾有研究指出吃了次亞麻油酸的小鼠，學習能力比沒吃的小鼠要強。多元不飽和脂肪酸幾乎調節人體內所有的功能。愛斯基摩人很少發生心臟血管方面的疾病，這可能與他們長期攝取大量的不飽和脂肪酸有關喔！如果無法常吃魚，也可以改吃魚油加以補充，唯一要小心的是，深海魚類體內重金屬含量可能比較高，如果是利用魚油補充，要小心魚油的來源，因為大魚體內的重金屬毒素通常是小魚的數十倍以上。

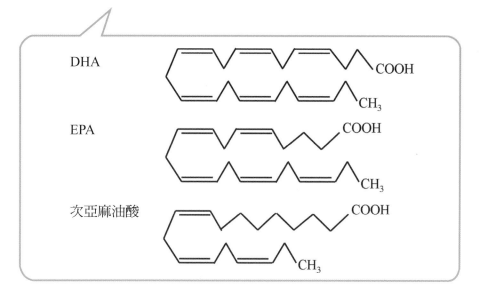

主題十一　三隻小豬的「三酸甘油脂」

　　阿明最近去做體檢，報告出來了，小潘潘罵說：「你看你平常大魚大肉，大餐吃太多了，現在膽固醇和三酸甘油脂都偏高，要小心囉！」阿明心想三酸甘油脂這名詞聽起來有點耳熟，會不會跟甘油有關連。

薏仁吃過量，三酸甘油脂飆高【2011-07新聞】
　　據報導 1 名婦女聽說吃薏仁能降血脂，持續 2 星期每天吃 1 鍋薏仁湯，導致三酸甘油脂飆高；沒想到再到醫院檢查時，反而血脂飆高，三酸甘油脂數值飆到 700 多，一般正常人則在 200 以下。
變色的橄欖油【2013-10新聞】
　　知名廠商標榜「100%特級橄欖油」的油卻被查出添加「銅」葉綠素、棉籽油、葵花籽油混充橄欖油，雖然銅葉綠素是合法添加

物，但它不能被加進油裡，只能加在調味乳和烘焙食品等六類食品，想不到不肖廠商竟以成分相近的天然葉綠素當染劑，讓沙拉油立刻變得很像橄欖油，大賺黑心錢。

食用油風暴再起【2014-10新聞】

黑心廠商為了牟取暴利，進口飼料油混充食用油，欺騙消費者、傷害消費者的健康，非常不道德。

脂肪就是三酸甘油脂（Triglyceride），顧名思義是一種甘油的酯類，它的構造是以甘油為主體，它的三個氫氧基分別接上三個含羧基的長鏈脂肪酸（三個脂肪酸），其中脂肪酸則指碳數在 4~30 之間的有機酸，可以是飽和與不飽和脂肪酸，因此每一個三酸甘油脂都含有三個脂肪酸，形狀看起來像一個英文字母 E，或者是像衣架子一樣釣掛著三串豬肉。這些脂肪酸可以完全相同或不同，這些脂肪酸的排列方式決定它的狀態。自然的脂肪包含許多不同的三酸甘油脂，因此它們沒有固定的熔點，熔化溫度是一個比較寬的溫度範圍。當脂肪代謝異常，形成高血脂症，即膽固醇過高或三酸甘油酯過高，兩者都是引發心臟病的高危險因子，即使膽固醇數值正常，三酸甘油酯偏高，仍有發生心臟病的風險，多餘的三酸甘油酯堆積在血管壁於上，容易引起動脈硬化，進一步造成心臟病。三酸甘油酯的生成反應式如下：

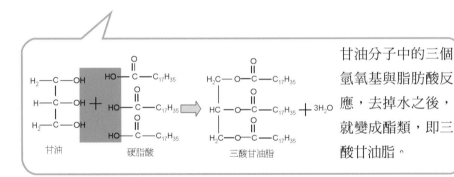

甘油 　　 硬脂酸 　　 三酸甘油脂

甘油分子中的三個氫氧基與脂肪酸反應，去掉水之後，就變成酯類，即三酸甘油脂。

甘油和三酸甘油脂的結構及其示意圖如下：

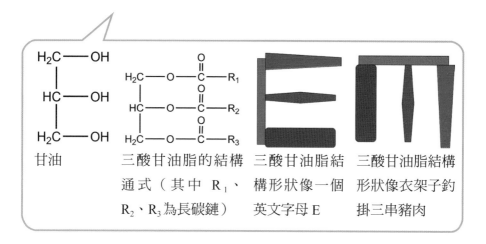

甘油　　　　　　三酸甘油脂的結構　三酸甘油脂結　三酸甘油脂結構
　　　　　　　　通式（其中 R_1、　構形狀像一個　形狀像衣架子釣
　　　　　　　　R_2、R_3為長碳鏈）英文字母 E　　掛三串豬肉

　　電視廣告中得意的一天，就是要靠素有「地中海液體黃金」美譽的橄欖油，市面上的純橄欖油主要有分三等，即初榨冷壓橄欖油（Virgin Olive Oils）是高等級的，純橄欖油（Pure）是次等，接著才是精緻橄欖油（Extra Light）。初榨冷壓是指使用機械或物理方式壓榨，過程中除了洗淨、離心和過濾外，不可使用其他化學處理方式，更應避免過熱影響品質，依據品質及風味可再細分為頂級初榨冷壓（Extra Virgin）、初榨冷壓（Virgin）、普通初榨冷壓（Ordinary Virgin）三種。橄欖油主要的出產國是義大利、西班牙、希臘，如果擔心分裝貨有假，可查看包裝條碼上的前面三碼國碼，如果是800就是義大利，840～849是西班牙，520是希臘，471就是臺灣分裝。只要將橄欖油與調和油一比，橄欖油的顏色較深、較濃、氣泡較小。

　　雖然銅葉綠素（見於第十課）是合法添加物，但它不能被加進油裡；棉籽油是提煉自棉花籽，棉花籽含棉酚，棉酚具有生殖毒性，會讓男性精蟲數及精蟲活動力減少，對女性導致經期紊亂，有些國家以棉酚作為男性

避孕藥使用。

食用油中的脂質基本構成單元是三酸甘油酯，每一分子具有三個脂肪酸，常見的脂肪酸約有 28 種，光這樣排列組合起來便可形成各式各樣的食用油，也因此如果原料源頭出現混充的情形時，非常不容易比對各種脂肪酸的比例以確認油的種類。食用油會經過一連串的加工精製過程，如果是以低溫壓榨的話，因為榨油率低，所以成本較高，多半經過簡單的處理，因此可保留最多的天然營養成分，唯一的缺點是遇熱會不穩定，不適合高溫炒炸，比較適合涼拌或低溫烹調。另外如果是採取高溫熱壓或有機溶劑萃取的方式，則榨油率可以大大提高，且成分相對單純，比較不易變質，因此適用高溫煎炒炸的烹調方式。

Q1：為什麼深海魚的魚油富含不飽和脂肪？

A1：如果是由不飽和脂肪酸所組成的三酸甘油脂，因為碳與碳之間的雙鍵，使得三個脂肪酸無法緊密地堆疊在一起，因為在溫度很低的深海裡，它體內的脂肪就可以保持在液態，這也就是為什麼深海魚的魚油富含不飽和脂肪酸所組成的三酸甘油脂。

Q2：何謂食用油的「發煙點」？

A2：發煙點指的是食用油被加熱後開始冒煙的最低溫度，發煙點會因煉油方法、混合比例、精製程度及原料的不同而有所差別，一般精製過後的食用油其發煙點會比較高。

Q3：何謂食用油的「酸價」？

A3：食用油的酸價是指中和1克食用油所需的氫氧化鉀（KOH）的毫克數。酸價可以說是對食用油中游離羧酸基團數量的一個計量標準，食用油基本上是脂肪酸所形成的三酸甘油酯，當油脂酸敗時會分解成脂肪酸及甘油，因此造成酸價變高。換言之，酸價可做為油脂變質程度的指標。

主題十二　心血管疾病的殺手「反式脂肪」

　　小潘潘問阿明說：「聽說人造奶油有反式脂肪，吃了很不好，買東西一定要看它的反式脂肪的含量，阿明你知道反式脂肪那是什麼嗎？」阿明心想：「反式應該就是化學上有關分子結構的專有名詞，有反式的話，那應該也會有順式，這會不會跟我以前學的有機化學中的烯類分子有沒有雙鍵有關呢？」

反式脂肪下肚　憂鬱風險大增【2011-01新聞】

　　據報導，和沒有食用反式脂肪的人相較之下，攝取較多反式脂肪的人罹患憂鬱症的風險增加高達 48%。這印證了「垃圾食物」和這個疾病的關聯性。

反式脂肪吃多　易生出巨嬰【2011-10新聞】

　　研究指出孕婦從甜食、速食中攝取反式脂肪，可能會生出巨嬰。反式脂肪不僅會增加體內「壞」膽固醇（LDL），也會減少有益健康的好膽固醇（HDL）。

　　反式脂肪就是三酸甘油脂中那三串的脂肪酸有的是反式的脂肪酸。食品業者常想將液態的植物油做成固體形態，這種製造人造奶油是利用烯類的氫化作用，一般天然的植物油的 $C=C$ 雙鍵都是順式的，但在氫化植物油的過程中，異構作用會產生反式的植物油，因此造成反式脂肪。因為 $C=C$ 雙鍵反式的緣故，因此其分子的排列方式是直線形的，如同飽和脂肪酸一樣。反式脂肪無法被新陳代謝，近來研究顯示反式脂肪如同飽和脂肪酸一樣，會增加動脈堵塞和心血管的疾病的風險。現在的食品標示都必須標示反式脂肪的含量。依衛生署的規範，每 100 公克或 100 毫升的食品中，如果反式脂肪的含量低於 0.3 公克以下，可以標示為 0，如高於 0.3

公克,則必須標示其含量。即使有規範,但業者的良心很重要,因為現在市面上一些餅乾、洋芋片等零食的反式脂肪的含量也都標成 0,所以消費者不得不小心。

主題十三 只溶於口、不溶於手的「巧克力」

情人節到了,阿明買了一盒巧克力送給老婆小潘潘,小潘潘當下很感動,不過後來就提醒阿明下次記得要買黑巧克力的。阿明不喜歡吃巧克力,心裡不免嘀咕著巧克力怎麼魅力無法擋、那麼迷人?

愛吃巧克力 中風風險低【2011-10新聞】

根據研究發現,所吃巧克力數量愈多,中風風險愈低。儘管認為巧克力對心臟健康有益,不過吃太多可能會有不良後果。因為巧克力的糖分、脂肪和卡路里含量都很高。

琳瑯滿目的造型巧克力

巧克力竟能餓死癌細胞【2012-02新聞】

抗血管生成是一種治療癌症的新方向,是指腫瘤若沒有血液供給,腫瘤就長不大。透過藥物或食物截斷腫瘤的血液供應,達到殺死癌細胞的目的。研究發現,黑巧克力、葡萄、大豆、綠茶、大蒜等,都有這種功效。

一般脂肪是飽和與不飽和脂肪的混合物,在正常室溫下會變軟而溶化。巧克力的主要成分是可可脂,可可脂的三酸甘油脂中的三串豬肉主要就是由硬脂酸-油酸-棕櫚油酸所組成的,因此它的組成均勻,所以巧克力溶化的溫度範圍非常窄,譬如說是在 34 度,當你將巧克力含在嘴裡

的話，體溫約為 37 度，剛好可以將巧克力溶化，因此就會產生「只溶於口，不溶於手」的清涼感覺。有時候如果將巧克力保存得太久的話，在它的上面會覆蓋一層油油的白霜，不要以為那是巧克力發霉了，其實那不是巧克力發霉，那只是可可脂的另一種結晶型態，是可以吃的喔。

很多的科學研究發現，巧克力裡有多種抗氧化物，讓科學家對巧克力的抗癌潛力更有信心。美國加州大學的沃特豪斯（Andrew Waterhouse）於 1996 年發現可可豆含有豐富的多酚化合物，如第三課所介紹的，多酚化合物是對抗自由基不可或缺的悍將，實驗發現可可豆的萃取液可以有效防止低密度膽固醇的氧化，避免冠狀動脈脂肪的累積。巧克力所含的多酚化合物的質和量更甚於蔬菜水果、茶和紅酒，尤其以黑巧克力更佳。選擇純度 65% 以上的黑巧克力，而且愈黑愈好，因為黑巧克力的抗氧化活性是紅酒的 3 倍，其多酚含量更是綠茶的 4 倍，但是比較擔心的是巧克力所含的脂肪，不過巧克力半數以上的脂肪是硬脂酸，對於增加血液中的膽固醇不會產生太大的負擔。另外，牛奶巧克力或巧克力醬的抗氧化活性，因為加工過程與內容稀釋等因素，已經非常稀少了。

第五課　為油水搭起友誼橋樑的「界面活性劑」

　　阿明很心疼他的老婆小潘潘，小潘潘常向他抱怨，除了要做飯外，吃飽飯還要洗碗，洗著洗著都洗到有富貴手了。於是這便是一個很好不用洗碗的好藉口囉！小潘潘問說：「日常生活的清潔用品如肥皂、洗衣粉、洗髮精、潤髮精、沐浴乳、洗碗精等，為什麼有了它們，骯髒就可以跟它說掰掰呢？究竟是什麼的神奇化學成分在裡頭呢？」阿明這一次總算冒出一句專用術語：「這些清潔用品之所以有清潔作用都是因為它們含有所謂的『界面活性劑』。」

　　小庭和阿豆最喜歡玩吹泡泡了，看到大大小小的泡泡群飛亂舞，好不興奮，但是有一次吹泡泡的用完了，兩人吵著阿明幫他們買新的，阿明就自告奮勇的說：「吹泡泡的液體可以自己做喔，我用洗澡的沐浴乳來試試。」經過一番折騰之後，果不其然，小庭和阿豆又可以玩吹泡泡了，兩人異口同聲直說爸爸太厲害了！

　　常見的清潔用品種類如下：

肥皂

洗衣粉

洗髮精

潤髮精

沐浴乳

洗碗精

且讓我們來看看以下這則新聞：

洗髮精挑對了嗎？　專家教你看成分【2010-08新聞】

　　常有人說，洗髮精的挑選和頭皮、頭髮的健康息息相關，但市售洗髮精的品牌、種類繁多，究竟該如何挑選，才能確保頭皮和頭髮的健康？了解各種洗髮精的成分是第一步驟。雖然洗髮精的外包裝上都有成分列表，但是這些稀奇古怪的英文字恐怕沒什麼人看得懂。

坊間洗髮產品眾多

主題一　「界面活性劑」的結構及去汙原理

　　日常生活中的清潔用品如肥皂、洗衣粉、洗碗精、沐浴乳、洗髮精等，必定含有所謂的「界面活性劑」（surfactants），它是清潔用品中最主要的清潔成分。從分子的化學結構來看，界面活性劑是一種非常有趣的分子，因為它的結構中同時具有親油性（或稱疏水性，hydrophobic）及親水性（hydrophilic）的兩端，它的分子形狀好像一個大頭蝌蚪（如下圖），大頭的部位稱為頭基（headgroup），可能帶有電荷，所以喜歡水

（親水性），但不喜歡油，尾巴親油端的部分通常含有長鏈烷基（如脂肪酸），所以油油的，尾端討厭水，也就是疏水性。

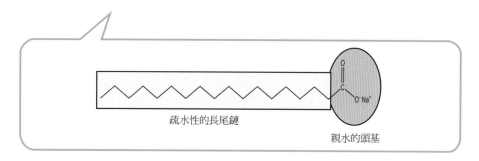

疏水性的長尾鏈

親水的頭基

　　因為界面活性劑分子的親油性的一端會吸附在髒汙及油脂上，並將油汙團團圍住，而將親水的頭露在水中，如此一來，油汙分子就可以被分散，或者稱作乳化。當界面活性劑在水中濃度達到某一特定值（臨界值）時，會形成多個分子組成的微胞（micelle），這微胞的形狀很像蒲公英的球體，也很像美麗華摩天輪的樣子。微胞的外層是親水端，內層是親油端。當它碰到油脂時，會把疏水的油脂分子引進微胞裡，並把油脂包在裡面，藉外層的親水端，把微胞分散在水中，藉由沖水的動作，順勢將髒汙帶走，達到清潔的目的。相較之下，吹泡泡的構造也差不多，只是這時疏水的尾端包住的不是油汙，而是空氣。

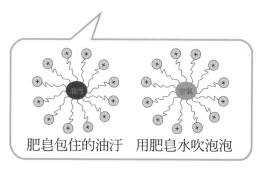

肥皂包住的油汙　　用肥皂水吹泡泡

蒲公英

摩天輪

主題二　最古老的界面活性劑：「肥皂」

小潘潘說：「既然這些清潔用品都是化學合成的，我看我們還是用傳統的肥皂好了。」阿明回憶著媽媽在他小時候洗衣服都是用肥皂，有時候會將爐灶中的灰燼拿來擦擦油脂，也沒聽說媽媽有富貴手，心想應該還是用有古早味的肥皂比較好。

早在西元前二千五百年，人類發現將鹼性物質如植物灰燼與動物的油脂混合之後，具有去汙的效用，這就是肥皂的起源。肥皂的化學簡式為 RCOOM（R：長鏈烷基，M：代表金屬離子）。兩百年前歐洲開始大量生產肥皂，有效地預防了傳染病的流行，肥皂製造反應如下：

$$H_2C-O-\overset{\overset{O}{\|}}{C}-C_{17}H_{35}$$
$$HC-O-\overset{\overset{O}{\|}}{C}-C_{17}H_{35} + 3NaOH \xrightarrow{\text{皂化}} H_2C-OH,\ HC-OH,\ H_2C-OH + {}^+Na\cdot O-\overset{\overset{O}{\|}}{C}-C_{17}H_{35}$$
$$H_2C-O-\overset{\overset{O}{\|}}{C}-C_{17}H_{35}$$

三酸甘油脂　　　　甘油　　　　肥皂

但肥皂的缺點是肥皂會容易與硬水中的鈣離子（Ca^{2+}）和鎂離子（Mg^{2+}）形成不溶於水的皂垢，而失去清潔的效用。如果你用肥皂洗澡的話，久而久之就會看到澡盆出現一些白色的皂垢，就是這個道理，其化學反應如下所示。因為肥皂水是弱鹼性，會溶解動物纖維，所以肥皂最好不要用來洗滌絲織品和毛織品。

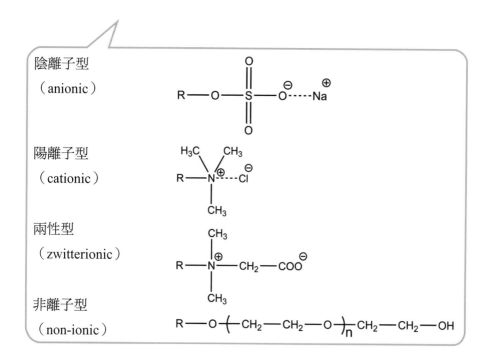

因此自 1940 年代以後，因人類生活上的需求，透過化學反應，以人工合成的方式製作了各種不同的界面活性劑，這些界面活性劑漸漸地取代了傳統的肥皂。界面活性劑分子溶於水後，可視親油部分解離成陰離子、陽離子、兩性離子（視水溶液的酸鹼值而定）或不解離成離子，所以可分成陰離子型、陽離子型、兩性型和非離子型界面活性劑四大類。這些類型的界面活性劑如下所示：

陰離子型
（anionic）

陽離子型
（cationic）

兩性型
（zwitterionic）

非離子型
（non-ionic）

洗髮精配方裡所含的各種化學成分，對一般消費者來說可是艱深的名詞，而且都是一些英文名詞，寫得又臭又長，有看沒有懂，字體通常又像螞蟻那麼小，但其實這些成分萬變不離其宗，大致上可分為界面活性劑（可能包含數種類型）、助劑（磷酸鈉、矽酸鈉、碳酸鈉）、螯合劑（如EDTA）、添加劑（香料與染料、抗凝固劑）、附著防止劑（羧甲基纖維素）、螢光增白劑、防腐劑、柔潤劑以及修護成分等類別。界面活性劑就是負責清潔油脂髒汙的主角，其他的成分都是配角。

主題三　去汙能力強的「陰離子型界面活性劑」

網路謠言　稱洗髮精含致癌成分【2011-06新聞】

一封網路轉寄信聲稱，市面上的洗髮精含有一種稱做「SLS（Sodium Laureth Sulfate）」的化學物質，具有致癌性，且致癌機率逐年增高，但毒物專家指出，SLS 不具致癌性，只是普通的化學合成物，民眾不要輕易相信。

潔膚品泡泡愈多愈好？　小心可能影響生殖能力【2012-02新聞】

清潔產品的起泡多寡，並不能反映清潔力的程度，這僅只是為了迎合消費者的使用習慣以及成本上的考量。像是 LAS、SLS 和SLES 這些都是常見的化學界面活性劑，亦常見於沐浴洗髮產品中，這些成分皆已被證實對肌膚具有高刺激性，且可能對環境有害。

界面活性劑的分子在水中會解離，解離之後，如果界面活性劑的長碳鏈端帶有負電荷的，就稱為陰離子型界面活性劑。其典型用途是用於清潔、乳化和起泡。陰離子型如脂肪酸皂、十二烷基硫酸鈉、十二烷基苯磺酸鈉等，人工的界面活性劑與肥皂最大的差別在於它的尾端是磺酸根（SO_3^-），還記得嗎？肥皂的尾端是羧酸基（COO^-）。陰離子型界面活

性劑的特點是洗淨去汙能力強，主要用途是清潔洗滌，但殺菌能力則較弱。目前最被普遍使用的是陰離子型界面活性劑，其中又以「直鏈烷基苯磺酸鹽（Linear Alkylbenzene Sulfonate, LAS）」為代表，LAS 大部分都是生物可分解的，所以雖然人們使用量很大，但尚不至於在環境中造成大量濃度累積，但分解後會產生的第三課所提過的苯酚，可能導致水中魚類的死亡。另一種「支鏈烷基苯磺酸鹽類（Branched Alkylbenzene Sulfonate, BAS）」的清潔劑就很難分解，因為它的長碳鏈是含有支鏈，環境中的微生物無法分解這樣分支的結構，所以最好不要使用含 BAS 類成分的清潔劑，以免造成環境的浩劫。陰離子界面活性劑滲透力強，清潔效果最佳，刺激性次於陽離子型，長時間接觸的話，對敏感性肌膚有很強的刺激性。LAS 和 BAS 被細菌分解示意圖如下：

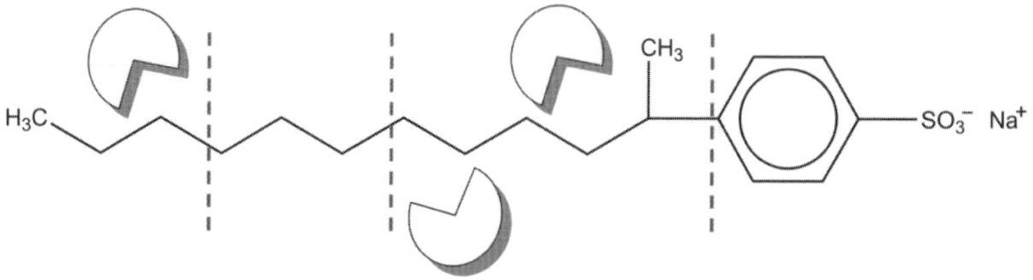

LAS 長長的鏈段可被細菌分解，圖中虛線代表生物可分解。

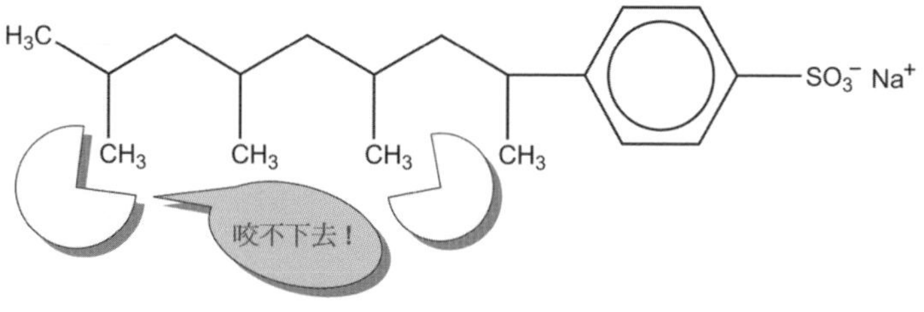

BAS 因為支鏈，好像形成一層保護膜，細菌不得其門而入，無法被分解。

　　絕大多數洗髮精的主要成分是 Sodium Laureth Sulfate 界面活性劑，又稱十二烷基硫酸鈉，簡稱 SLS，也是洗碗精的有效成分，其爭議性較高，各界對影響健康的解讀不同，但較明確的是容易刺激肌膚，SLS 只是一般的化學合成物，不具致癌性。它的功效太好，造成頭髮的油脂會被完全清除，使得洗過的頭髮感覺比較乾澀。另一種類似的界面活性劑稱為 Sodium Lauryl Ether Sulfate，簡稱 SLES，由下圖可以看出 SLES 是 SLS 的衍生物，也就是在 SLS 連接磺酸基的尾端嵌入了乙氧醚（$-OCH_2CH_2$）的重複性結構，一般常見嵌入的數量為 2～3 個，由於結構中鏈長變長從 SLS 的 12 個碳變成 16 或 18 個碳，所以 SLES 的溫和度比 SLS 高，除此之外，乙氧醚因為有氧原子存在的關係，所以更具親水性的結構，此水溶性的增加造就使用上的更方便，常使用於洗髮精與沐浴乳中，因刺激性比 SLS 小，在嬰兒用洗髮精中也常見。此外這成分價格便宜，所以現在變成是清潔性化妝品中最常使用的成分；但因為在製造過程中有可能產生 1,4-dioxane（1,4-二氧陸圜）副產物，會被誤以為是戴奧辛（dioxine，英文一字之差），這成分是屬於可能有致癌性，而且如重複或長期接觸對皮膚可能會造成刺激。

　SLS 和 SLES 兩者結構式比較如下：

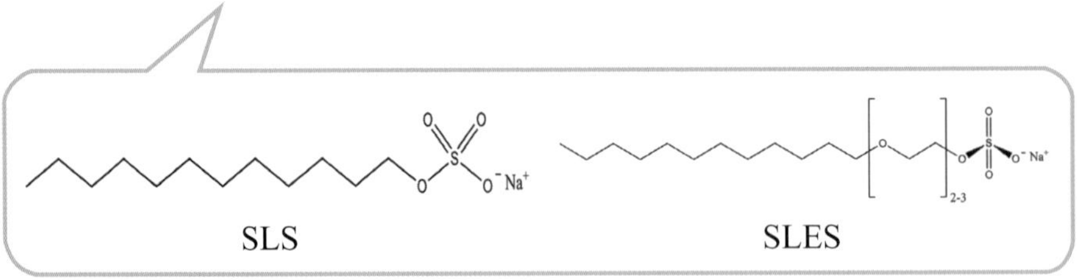

主題四　殺菌力強的「陽離子型界面活性劑」

嬰兒洗髮精疑致癌　業者：合法【2011-11新聞】

　　嬰兒洗髮精被質疑含兩種可能致癌物質。這兩種可能致癌的微量化學物質，一種是 1,4 二氧陸圜（dioxane）；另一種是會釋放出甲醛的 15 號四級銨鹽陽離子（Quaternium-15）。

　　界面活性劑分子的長碳鏈尾端在水中如帶有正電荷的，就稱為陽離子界面活性劑。陽離子型如高碳烷基的銨鹽，其特點是殺菌與抗靜電性良好，洗淨力較弱，但對皮膚和眼睛的刺激性較強，較容易造成頭皮過敏，通常也可用於清洗馬桶。殺菌力強的另外一種涵義也就是刺激性強的意思，所以過敏體質的人或是感覺頭皮脆弱的人，儘量要避免選用含陽離子系列的洗髮精或沐浴乳。由於陽離子型界面活性劑亦含有抗靜電及滑順的功效，所以大多運用在洗潤合一的洗髮乳、潤絲精、柔軟精或潤髮乳中。四級銨鹽若加在洗髮精，可在洗後梳理頭髮時不會打結，衣物柔軟精也含有四級銨鹽，它會讓衣物形成平滑柔順的表面。

　　15 號四級銨鹽陽離子（Quaternium-15）作為嬰兒洗髮精防腐劑，Quaternium-15 本身不會致癌，而是分解後會釋放致癌的甲醛。但 Quaternium-15 也是一種過敏原，可能對敏感性肌膚引發接觸性皮膚炎。1,4 二氧陸圜和 Quaternium-15 的結構如下：

1,4 二氧陸圜（dioxane）　　　　Quaternium-15

主題五　保持中立的「非離子型界面活性劑」

　　非離子型界面活性劑主要以醚類的界面活性劑為主，例如聚氧乙烯烷基醚（$R-O-(CH_2O)_n-H$）。此類界面活性劑的分子在水中不會解離，但它因帶有氧原子的醚鏈段會讓水分子對它很迷戀，因此會和水分子有親密的作用，這種親密的作用的化學術語稱為「氫鍵」。因為整個分子都不帶電荷，故稱為非離子型界面活性劑。其典型的用途是乳化、分散及溶化。非離子型的特點是洗淨力弱，但相對安全溫和、無刺激性、乳化與增溶作用良好、氣泡力強。因此常使用於化妝品，就算是碰到硬水，它也不怕，尤以烷基酚聚乙氧基醇類（alkylphenol polyethoxylates）是最廣泛使用的一類。這類界面活性劑到了河川中，可能會被細菌分解出壬基酚，我們已於第三課討論過壬基酚的問題，壬基酚是一種所謂的環境荷爾蒙，它會干擾人們的內分泌系統，甚至會造成不孕症。

主題六　兩邊都討好的「兩性型界面活性劑」

　　常見的兩性型界面活性劑的構造類似於胺基酸（RR'C(NH$_2$)COOH），即分子中同時具有胺基和羧酸基，在酸性溶液中，分子中的胺基會與酸作用而溶解；在鹼性溶液中，羧酸基則會與鹼中和。所以此類界面活性劑在同一分子中，具有解離成陰離子的羧酸根存在，也同時具有形成陽離子的胺基存在，隨溶液的酸鹼值而有所變化，在酸性時呈陽離子狀態，而在鹼性時呈陰離子狀態，故稱為兩性離子界面活性劑，也就是我們常說的雙面人或者是牆頭草的角色。其特點是洗滌力良好且較溫和，但洗淨力較弱，常和上述的界面活性劑搭配使用於嬰兒清潔用品、柔軟精、沐浴精和洗髮精。這種界面活性劑通常較其他界面活性劑溫和，對頭髮皮膚的刺激性較低。常見的有 Cocamidopropyl Betaine（烷基醯胺甜菜鹼），它是經椰子油萃取後，再合成的兩性型界面活性劑，作為合成清潔劑及泡沫增加劑的原料成分。

Q1：為何洗髮精和潤絲精最好不要一起使用？

A1：因為通常洗髮精是使用陰離子型的界面活性劑（R−SO$_3^-$Na$^+$），其親水端帶負電。頭髮表面是帶負電的，潤絲精是使用陽離子型的界面活性（R−N(CH$_3$)$_3^+$Cl$^-$），其親水端帶正電，同時使用洗髮精和潤絲精會互相中和反應而喪失清潔功用。

　　不同界面活性劑有各自不同的功能，所以洗髮精中常會合併使用幾種界面活性劑以達到他們所宣稱的功效，我們在廣告中常看見適用於各種不同髮質的產品出現，說穿了只是不同的界面活性劑加以排列組合罷了。一般而言，如想有較佳的洗淨力及起泡泡能力，通常洗髮精中大都使用陰離子系列或非離子系列的界面活性劑；但是如果是想有較佳的殺菌力以去頭皮癢，或者是使頭髮有較佳的溼潤感，通常會在潤髮精中添加陽離子系列的界面活性劑。

主題七　到底靈不靈，從頭來看仔「矽」的「矽靈」

　　小潘潘最近頭髮乾燥分岔，聽網路上流傳「潤髮乳有矽靈的，用起來頭髮有柔順的感覺。」就問阿明說：「你知不知道那是什麼東西？」，阿明心想矽有學過，是一種化學元素，但是它到底靈不靈就不是很清楚囉！

矽靈會使頭皮發炎？！醫：尚無科學根據【2017-06新聞】

　　現代人對於矽靈加在洗髮精裡，恐使頭皮發炎，在化妝品裡會致痘，都存有疑慮？有醫師指出，頭皮發炎可能是因為洗髮精過於溫和，無法有效洗淨，而非矽靈所引起。矽靈成分對於頭皮的保濕力不明顯，加上矽靈無法被皮屑芽孢菌所使用，因此目前並沒有矽靈會引起脂漏性皮膚炎的科學依據。

　　在過去盛行雙效合一的洗髮精的時代，幾乎所有洗髮精都會添加一種叫「矽靈」的成分。矽靈是一種人工合成的「類油脂物質」，具有相當好的滑潤觸感，因此被廣泛地運用在個人化妝保養品中。但是因為矽靈並非水溶性，無法沖洗乾淨，可能會造成後續護髮、造型品無法滲透。矽靈是什麼東東呢？矽靈其實泛指多種含甲基的「矽氧聚合物（polydimethysiloxanes）」，它是由矽（Si）與氧所連結而成的高分子，且矽原子上面會接有甲基（－CH_3）。一般人或許會陌生，但如果是「矽利康」（silicone），大概很多人就知道它主要用途在於提供密合作用，我們通常會塗以矽利康來做牆邊滲水或漏水的材料。矽靈的性質有點像矽利康，它廣被用於乳霜、乳液、防晒製品、護髮等產品中，它不僅沒有毒性且安全性相當高。

　　添加矽靈的雙效合一洗髮精，其效果讓頭髮柔順，矽靈會被汙名化的原因是，因為矽靈一旦接觸到頭髮，就會把毛鱗片之間的空隙填滿，於是

造成滑順的觸覺，讓一般人常誤以為這是矽靈有滋養髮絲的作用，但是由於矽靈不溶於水的特性，原先已經包覆在髮絲上的矽靈無法被徹底洗淨，下一次使用反而會不斷包覆住髮絲外層，反而容易造成頭髮變重而逐漸喪失彈性，毛孔會像防水一樣地被阻塞。矽靈的效果通常只是曇花一現，帶來的只是短暫的立即效果，無法長期維持。目前市場上常見的矽靈有 Dimethicone 與 Cyclomethicone 兩種，Dimethicone 可因分子量的不同而有不同的黏度，其分子量若低於 100，則其黏度低，常使用於噴霧式止汗劑中，防止止汗劑中成分之一的鋁鹽（見於第十課）阻塞噴霧口；而中分子量介於 100～500 的黏度比較中等，可用於一般滑順質感的保養品或粉底；最後，分子量大且高黏度的 Dimethicone，就像防水的矽利康，具有相當好的防水性，常使用於防水性的防晒霜及隔離霜。至於 Cyclomethicone，因為分子量相對比較小，是屬於一種具高揮發性的矽靈，但它的溶解效果相對較佳，因此常見於油性肌膚所使用的保養品及粉底。這兩種矽靈的結構如下所示：

Dimethicone　　　　　Cyclomethicone

　　阿明和小潘潘還沒結婚前，有一次來到了美濃的中正湖約會，以為湖中景色應該很美，竟想不到湖中滿滿都是布袋蓮，不過想想布袋蓮開滿紫色的花也不錯看，但是阿明心想這到底發生了什麼事，這些布袋蓮怎麼都肥滋滋的？

美濃的中正湖

無磷洗衣粉

> **年節掃除　慎選清潔劑【2012-01新聞】**
>
> 　　許多清潔產品標榜「天然環保、植物性、有機」的，但實則以環保名義誤導消費者。例如宣稱「無磷環保」洗衣粉，卻含螢光劑；標榜「天然環保、植物性」洗碗精，添加香料、界面活性劑、防腐劑等成分。

　　現在的洗衣粉都會特別強調是「無磷」的，換句話說曾幾何時，洗衣粉裡面一定添加磷，傳統的合成洗衣劑都含有三聚磷酸鹽的成分，其含量在 15%～30% 之間。為什麼以前的洗衣粉要加磷呢？一定是後來發現代誌大條了，所以現在都不能加磷了。添加磷酸鹽如三聚磷酸鈉

（$Na_5P_3O_{10}$）於洗衣粉當作助劑，主要可以軟化水質，它有三個好處，第一就是可以提供較佳的酸鹼環境，讓洗衣粉中的界面活性劑發揮最好的功用，因為磷酸根系統是像我們人體中一樣，是一個很好的緩衝系統；第二是可以利用其磷酸根除去水中的鈣和鎂離子，磷酸根會將這些離子包住，使得它們無法作用而造成不必要的浮渣；第三是可以將衣物所洗下來的汙垢抓住，避免這些汙垢又回到已經洗乾淨的衣物上。但是最重要的是磷酸鹽本身就是一種肥料，當我們將含有磷酸鹽的廢水排入河川之中，下場就是會造成河川優養化，造成藻類過度成長，進而威脅到水中其他生物的生存，原本應該有許多水的湖泊可能最後變成藻類過度成長的沼澤。照片中的美濃中正湖就是一個典型的例子，已經布滿整湖的布袋蓮囉！

主題九　虛偽潔白的「螢光增白劑」

阿明興沖沖地幫女兒小庭買了兩件新衣服，馬上叫小庭穿穿看，老婆小潘潘急忙阻止說：「新衣服要洗過才能穿，你難道不知道新衣服上面可能會有一些螢光劑嗎？對皮膚可能產生過敏。」阿明心想剛剛上一則新聞不是才說洗衣粉不是也可能含螢光劑嗎？想不到穿衣服和洗衣服還有這麼多學問，怪怪！這時阿明腦袋想起以前的螢光劑的分子結構和螢光的原理，心想為什麼要加這些螢光劑呢？

艾莎公主含螢光劑！市面8成玩具傷身【2017-08新聞】

小朋友最喜歡的玩偶、公仔、玩具等等，只要搭上超紅卡通的熱潮，價格和銷售量都會大幅增加，但有隨機抽樣上面上8種玩具，發現高達7樣含有螢光劑。

紙杯、紙餐具好衛生？當心毒已下肚【2018-04新聞】

很多人認為紙杯、紙餐具是消耗品，用完即丟，一次性使用也符合安全、衛生的條件，何樂而不為？不少人挑選紙容器時會覺得顏色越白越衛生，但其實不然。為了使紙容器看起來潔白，製造廠商有可能添加螢光增白劑。

在 1929 年德國的 Paul Krais 第一個使用螢光劑，但直到 1940 年才被商業化。清潔劑通常含有 0.05% 至 0.3% 不等的螢光劑。事實上，螢光劑並無洗淨和清潔的效果，說穿了只是用來欺騙我們的視覺效果；螢光劑要有增白的效果必須要能吸收紫外線，而放出波長約 420～450 nm 的藍光，藍光可以有效地掩飾衣服上淡黃的汙點，並且增加全反射光之視感光量，增加纖維的白感，如此便可造成衣物潔白的假象。螢光增白劑一般在它們的分子結構中含有共軛雙鍵，這些分子能夠吸收短波長的紫外光，使電子由基態提升到較高能階的激發態，此螢光增白劑分子會先由較高的振動能階降至最低的振動能階，如果此時分子能量再降至基態的振動能階時，能量就會以較長波長低能量的輻射的方式釋出，此時放出來的光就稱為螢光。原理如下所示：

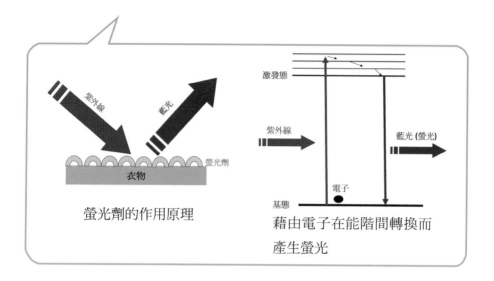

螢光劑的作用原理

藉由電子在能階間轉換而產生螢光

　　螢光劑算是一種染料，可藉由光線的折射，造成潔白的假象。衣服若含有螢光劑，穿在身上會使皮膚也沾有螢光劑，這種螢光劑稱為遷移性螢光劑。因它不易分解，所以會汙染地下水源，對環境造成不良的影響，可能致癌和刺激皮膚。因此美國和日本的衣物都全面禁用螢光劑以保護人民的健康。

　　最常見的一類是螢光增白劑 Blancophor R，其化學結構如下所示：

螢光增白劑 Blancophor R 的化學結構

主題十　沐浴乳含防腐劑「苯甲酸酯」

　　小庭和阿豆最喜歡洗泡泡浴囉，身上塗了很多的沐浴乳，阿明好奇地看了一下罐子標示的成分，赫然發現一個奇怪的成分「Paraben」，心想這又是什麼化學物質？阿明竟然也找得到有關「Paraben」的負面新聞。

沐浴乳含防腐劑　恐誘發乳癌　【2009-10新聞】

　　每天洗澡都會用到的「沐浴乳」，每天和皮膚親密接觸，當心會洗出病來！醫界在在乳癌切片中，發現一種叫做 **Paraben** 的成分就是藏在沐浴乳中，用來抑制沐浴乳變質的防腐劑。

　　現在大家已漸漸有所體悟，不管是吃的或用的東西都儘量要用天然的，所以開始很多的商品都標榜天然的。近來雖有少數的天然植物性防腐劑出現在市場上，但其防腐效力在臺灣潮濕氣候和生產製造環境，在在考驗著天然植物性防腐劑的能耐。為了讓使用天然防腐的產品能保存得久一點，配方中通常會搭配一些能幫助抑菌的成分。苯甲酸酯類（Parabens）是人工合成防腐劑中最常見的一大類，還記得第四課所提的有機酸當作防腐劑嗎？我們曾提及苯甲酸和其鈉鹽是碳酸飲料中的防腐劑，將苯甲酸的羧酸基加以酯化，並在苯環的對面加上氫氧基就是對羥基苯甲酸（p-hydroxy-benzoic acid）的酯類衍生物，其抗菌效果佳，廣泛的被應用在化妝品、食品及藥品中。歐盟規定它的總添加限量為 0.8%，而臺灣的法規限量為 1%。歐盟將 Parabens（苯甲酸酯類）列舉為可能干擾內分泌的物質，日本則是認定其為過敏的可能性物質。經由實驗證實，Parabens 的確會滲透角質層為皮膚所吸收。有研究發現它的結構並不會經由體內酵素代謝而分解。2004 年英國針對乳癌病患組織的研究，都測量到有完整的 Parabens 的存在，也因此令人擔憂 Parabens 是否與乳癌有直接的關連

性,而在後續的許多研究指出,Parabens 會干擾雌激素與受體的結合,而混亂內分泌系統,有類似環境荷爾蒙的作用。現在的一些醬油所使用的防腐劑之一就是 Parabens。

R = CH$_3$,羥基苯甲酸甲酯（Methylparaben）

R = C$_2$H$_5$,羥基苯甲酸乙酯（Ethylparaben）

R = C$_3$H$_7$,對羥基苯甲酸丙酯（Propylparaben）

R = C$_6$H$_5$,對羥基苯甲酸苯甲酯（Benzylparaben）

醬油所使用的防腐劑之一就是 Parabens

第六課 又愛又恨的「塑膠」

我們日常生活中的很多用品都是塑膠做成的，這些塑膠在使用上要注意什麼？它們都安全嗎？這是我們這一課要關心的主題。塑膠是一種高分子（polymers）或稱聚合物，因為它是由所謂的單體（monomer）所聚合而成的巨大分子，單體就好像是我們在蓋房子所需要的磚塊，可以重複的堆疊形成各式各樣的房子，想像房子為高分子，如下所示。高分子的合成方式可以概分成兩種，一種稱為加成聚合反應（addition polymerization），在此種反應類型中單體簡單地重複加在一起而形成高分子，且無其他的產物。我們可以單獨使用一種磚塊（單體），一直連接起來，這是一種手牽手、心連心的方式，只要一種單體就可以了；常見的塑膠如聚乙烯、聚氯乙烯、聚丙烯都是屬於這一類。示意如下：

一塊磚塊當作單體

數個磚塊共聚成高分子

很多日常使用的塑膠都是乙烯和其衍生物作為起始原料的。常見的乙烯衍生物及其聚合物的英文簡稱如下：

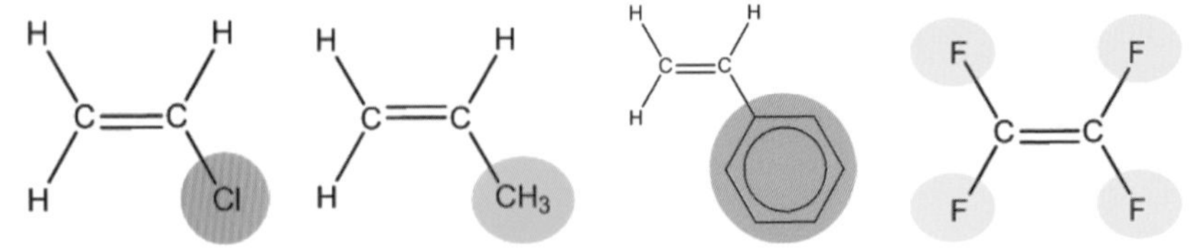

| 氯乙烯 | 丙烯 | 苯乙烯 | 四氟乙烯 |
| PVC | PP | PS | PTFE |

另一種是縮合聚合反應（condensation polymerization），使用兩種以上不同種類的單體，互相交替連接在一起，這種方式所得的高分子稱為「共聚高分子」，常見的例子是耐綸和寶特瓶。

高分子在我們生活上化學的進化扮演著非常重要的角色，許多重要的生物分子也是高分子；而我們日常生活中常用的塑膠也都是高分子，也因塑膠的使用太方便了，因此衍生了一些意想不到的後遺症，這也為我們人類現代文明上了非常重要的一課。東西方文化大不同，西方人使用塑膠盒大多用來裝冷食，但是咱們臺灣人卻反其道而行，常常用塑膠袋來裝熱騰騰的食物如菜餚、湯或麵，已經有國內學者專家指出國內孕婦血液中的塑化劑的濃度要比國外高很多，這是怎麼一回事呢？首先讓我們了解塑膠的一些化學特性：

主題一　安全的保鮮膜「聚乙烯」

阿明的老婆小潘潘要買保鮮膜，就看到盒子外標示有大大的兩個英文字「PE」，就問起阿明說：「這回你應該會了吧？」阿明心想怎麼又是英文縮寫。

牛奶紙盒防水「塑膠薄膜」 專家警告【2011-06新聞】

　　很多人早餐習慣拿盒裝牛奶去微波，或是紙杯裝熱豆漿，研究發現溫度高達 70 幾度，都有可能讓盒子上的防水薄膜溶出化學物質，建議大家要換其他容器再微波；但紙盒餐具業者趕緊澄清，強調防水薄膜使用的是 PE（聚乙烯），而且製作防水薄膜時，PE 不用加 DEHP，所以絕對不含塑化劑。

　　聚乙烯（Polyethylene, PE）是最簡單且最為人知的高分子，顧名思義它是由乙烯（ethylene）當作單體，經過聚合而建構的，它的結構如下：

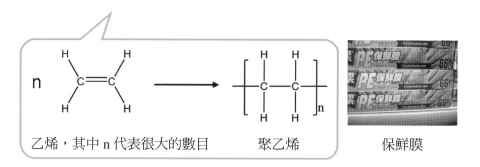

乙烯，其中 n 代表很大的數目　　聚乙烯　　　　　保鮮膜

　　聚乙烯是堅韌、可彎曲的塑膠，它可用在管線、瓶子、電路絕緣體、包裝膜、垃圾袋及用作人工關節等用途。當乙烯的氫原子被其他的原子團取代的分子作為單體的話，可以改變它的性質，製造出各式各樣的塑膠。這如同你雖然僅用一種磚塊，但是如果你在磚塊上上點彩繪的話，蓋出來的房子也可以有其他的花樣。這些由乙烯所衍生出來的塑膠，可以看作是聚乙烯的「同父異母」的兄弟姊妹。

　　聚乙烯主要可分成 HDPE（高密度聚乙烯）和 LDPE（低密度聚乙

烯）兩種，顧名思義這兩種的差別在於它們的密度不同，**這兩種塑膠其實是「雙胞胎」，只是最後長大之後胖瘦不一樣而已**。HDPE 的密度比較高，介於 0.94 至 0.96 g/cm^3，由長串的直鏈分子以密集的堆疊方式，這跟之前第四課所提飽和脂肪酸的排列情形是一樣的道理，使得 HDPE 相當堅硬且有韌性，因為結晶部分與非結晶部分的密度不同，因此光在此兩者的分界處會產生反射、折射與散射，使得高密度聚乙烯呈現不透明、霧霧的樣子。它的回收標誌是 2 號，它的質地較硬，可作為桶子、玩具、塑膠容器和牛奶瓶。而 LDPE 低密度聚乙烯的密度介於 0.91 至 0.94 g/cm^3，由高度的支鏈組合而成，因為有支鏈的存在，所以分子排列起來較鬆散，這跟之前所提不飽和脂肪酸的排列情形是一樣的道理，就也使得 LDPE 的熔點較低，可用作塑膠袋和電線的絕緣材料，最常見的保鮮膜就是這種，大部分用作塑膠袋，它的回收標誌是 4 號。HDPE 和 LDPE 的排列方式的差異就如同先前所講的飽和脂肪酸與不飽和脂肪酸是一樣的概念。如下所示：

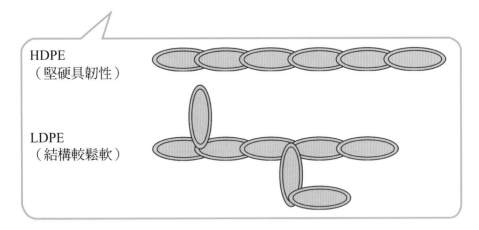

HDPE
（堅硬具韌性）

LDPE
（結構較鬆軟）

HDPE 的耐熱溫度是 90～110℃，而 LDPE 的耐熱溫度是 70～90℃，泡在沸水中 HDPE 做成的塑膠瓶不會變形，但 LDPE 做成的塑膠瓶會扭曲變形。但是要注意的是在耐熱溫度以下不代表就不會溶出毒素，這種標

示的耐熱溫度，通常僅供參考，因為溶出毒素所需的溫度會比耐熱溫度要來得低，通常在 40～50℃。

耐熱安全的「聚丙烯」

小潘潘聽說塑膠 PP 最耐熱最安全了，問起阿明，阿明說：「應該是喔，我學生做實驗都是用 PP 瓶當容器，加熱到 100℃反應一整天，瓶子也都沒變形。」

酸性冷飲　PP 材質容器較安全【2011-07新聞】

塑化劑汙染飲料食品風暴發生後，不少人改喝現打果汁，錯用塑膠容器及杯蓋，防「塑」功虧一簣，建議選擇回收標誌 5 號的聚丙烯（PP）材質，比較安全。建議愛喝果汁、酸甜冷飲的民眾，自備不鏽鋼材質的環保杯。

在乙烯單體中的碳與碳雙鍵上的氫原子以不同的取代基取代時，會導致高分子性質上有很大的差異性。當單體乙烯其中的一個氫原子被甲基（$-CH_3$）所取代時，即丙烯（propylene），只是在每一個碳上多加了一個甲基的支鏈，所製成的高分子就是聚丙烯（Polypropylene, PP）。甲基接在長碳鏈上可有兩種排列方式，利用特殊的催化劑可以使得所有的甲基都指向碳鏈的同一邊，成為所謂的同排聚合物，市面上所買到的聚丙烯大都是這種。其結構如下：

丙烯　　　　聚丙烯　　　　微波盒　　　　保鮮盒

目前公認安全的，只有回收標誌 5 號的聚丙烯，它的熔點是 121℃，所以較能耐高溫、耐酸鹼，不易變形且耐磨損，足以抵抗消毒細菌所需的高溫，最適合當食物的容器：微波盒、碗盤、保鮮盒、飲料杯、豆漿瓶、汽車保險桿、臉盆、刀叉、筷匙等。它的耐熱溫度是 100-140℃，明顯比其他的塑膠類製品要來得高，可用於微波爐。碳鏈中的甲基支鏈有可能會被氧化，因此通常在製造上會添加一些抗氧化劑，以避免空氣中氧氣的攻擊，適合用來製造戶外用的地毯，頭上的假髮也是 PP。

主題三　用途最多但最危險的「聚氯乙烯」

小潘潘拿起 PVC 的保鮮膜，阿明這時就說：「保鮮膜有 C 的不要買，因為 C 是代表氯，用了會死（臺語發音）喔！」小潘潘很狐疑：「PE 和 PVC 保鮮膜真的差那麼多嗎？」

PVC 遇油溶出塑毒　醫師籲禁用【2011-09新聞】

有不少月餅底座包裝，都是使用 PVC 材質，而這些經過軟化的 PVC，其實都加了大量塑化劑，只要和油類的東西接觸，就容易溶出來。只要是 PVC 做成的軟塑膠製品，百分之百加了塑化劑。

　　當單體乙烯其中的一個氫原子被氯（Cl）所取代時，即氯乙烯（Vinyl chloride），以氯乙烯作為單體所聚合出來的就是聚氯乙烯（Poly(vinyl chloride), PVC）。聚氯乙烯於 1942 年問世，它的用途非常廣泛，可用作水管、沙拉油瓶、餅乾盒、醫療用品如：洗腎和點滴所用的軟管及軟袋、鞋子、保鮮膜、塑膠帆布、水管、地板、信用卡、雨衣、浴簾、塑膠浪板、人工皮革、汽車零件、電線包覆等產品。它的回收標誌是 3 號，它的耐熱溫度是 60～80℃，它的缺點是太脆而容易碎裂。測試塑膠是否為 PVC，其實很簡單，可以把加熱的銅線，將它接觸塑膠之後，再將銅線拿去用火燒，如果出現綠色的火焰，就代表這塑膠含有氯，八九不離十可確定材質是聚氯乙烯，即 PVC。

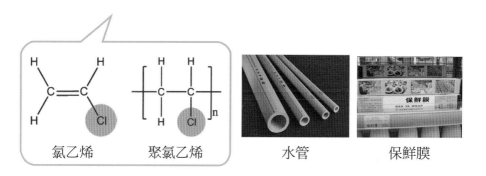

氯乙烯　　　聚氯乙烯　　　　水管　　　　保鮮膜

　　PVC 所使用的單體氯乙烯是有毒性的，反正含氯的東西，多半有毒，少惹為妙。多項研究發現長時間曝露於氯乙烯的環境中，可能導致與肝臟惡性血管瘤、腦癌、肺癌、及血液淋巴癌症等疾病有關。相較於氯乙烯單體的高致癌性，若正常的使用及暴露於 PVC，應不至於產生健康上的危害。有關於含氯的化合物將在第八課詳細介紹。

主題四　令人聞塑色變的「塑化劑」

　　小庭很喜歡芭比娃娃，一直叫阿明幫她買，阿明不太想買，就指著芭比娃娃對小庭說：「這是中國大陸用 PVC 做的，裡面摻雜許多恐怖的塑化劑！」小庭也不是省油的燈，就說：「那我們就買另外一個美國進口的呀！」阿明一看價錢，差點沒嚇出一身冷汗。

　　阿明的三歲兒子阿豆很愛喝飲料，自從塑化劑事件之後，阿豆變得不再愛喝飲料了，阿明覺得很奇怪就問阿豆，阿豆不脫稚氣的說：「媽媽說那些都有塑化劑，會讓我的小雞雞長不大！」阿明暗自竊喜，想不到塑化劑事件可以讓小孩子不愛喝飲料。不過阿明想起去年真的是被塑化劑弄得滿城風雨，人人聞「塑」色變，有關它的負面新聞真的很多：

年度十大消費新聞　塑化劑毒害最大條【2011-05新聞】

　　回顧民國百年的消費新聞，「最大條」絕對是引發眾人譁然的塑化劑事件。不肖廠商在食品添加物「起雲劑」中，添加危害人體的塑化劑 DEHP。

童鞋含塑化劑【2010-04新聞】

　　抽驗市售童鞋，竟有過半數的童鞋含有過量的可塑劑，而國家標準值對可塑劑含量的限量標準是不得超過 0.1%，此可塑劑就是鄰苯二甲酸酯。

文具塑化劑　超標400倍【2018-04新聞】

　　消基會17日公布國內文具用品塑化劑含量測試結果，22件樣品中有5件樣品含量超出標準0.1％的150~400倍，如筆袋、握筆器等，若幼童不慎舔食，長期接觸下恐影響生育，並導致男性隱睪症，女性性早熟等。

某量販店的藻油膠囊 塑化劑超標5倍【2018-06新聞】

　　量販店熱賣的「植物性DHA藻油膠囊」驚爆塑化劑超標五倍，目前商品已全數下架並進行回收，將主動發函通知無條件退貨。

茶包、滷包　高溫浸泡恐溶毒【2011-11新聞】

　　消費大眾隨意高溫浸泡茶包、咖啡包、料理滷包，恐把有毒物通通吃下肚，塑膠類對塑化劑「DEHP」及「DBP」溶出條件為25℃、一小時；紙類對「螢光增白劑」溶出條件為 95℃、卅分鐘，與民眾經常長時間烹煮浸泡習慣不同。

開伙要注意！剩菜沒放涼前蓋保鮮膜 專家：恐有塑化劑釋出【2018-06新聞】

　　很多人喜歡自己在家煮菜吃比較健康，但常會面臨菜煮太多、吃不完的問題，因此會把剩菜放到冰箱冷藏，這時常會用保鮮膜蓋在剩菜上，不過醫師提醒，保鮮膜材質多為聚氯乙烯（PVC），當剩菜尚未放涼時就覆蓋保鮮膜，接觸到熱食可能釋出塑化劑危害健康。

塑化劑 DEHA 擾亂內分泌　保鮮膜危機四伏！【2009-11新聞】

　　最近一篇「保鮮膜是造成內分泌失調兇手」的網路文章，直指保鮮膜所含的塑化劑 DEHA，會擾亂體內荷爾蒙的正常代謝，引起婦女乳癌、新生兒先天缺陷及男性精蟲數目減少等問題，引起不小震撼。

2歲女童來初經　竟是塑化劑引發性早熟【2017-11新聞】

　　有名母親日前發現家中的2歲女童突然下體流血，求醫後竟被診斷為初經，成大團隊進行分析後發現，是因女童體內塑化劑過高，引發性早熟所致。

逾9成瓶裝水有塑膠微粒！【2018-04新聞】

　　美國非營利組織公布一份調查報告，該報告研究發現瓶裝水普遍遭受到塑膠微粒（microplastics）的汙染，瞬間引起全球消費者的極度重視。結果發現，其中93%的瓶裝水，所有11個品牌都被檢出含塑膠微粒。

含塑膠微粒6大類清潔產品　7月1日起禁售【2018-06新聞】

　　為了減少塑膠微粒危害海洋生態，7月1日起國內不得販賣包含磨砂膏、牙膏等6大類含塑膠微粒化妝品及個人清潔用品包含：洗髮用化妝品類、洗臉卸妝用化妝品類、沐浴用化妝品類、香皂類、磨砂膏、牙膏，違者將處以罰緩。

　　起雲劑是一種乳化劑，添加在食品中，其用途是幫助食品的乳化，作為品質改良劑，起雲劑作用有點類似第五課所提的界面活性劑，可使液體易於乳化，可以使得油水不易分離，使原本清澈透明的液體，增加稠密感，而呈現雲霧狀的視覺效果。想一想當我們要買果汁時，若果汁是清澈透明的，是不是比較激不起你的購買慾？但是如果呈現雲霧狀，這種賣相是不是更加漂亮而比較會吸引你的目光，因此起雲劑常常添加在運動飲料、果汁飲料、果凍中，但也可能用在優酪乳或檸檬果汁等食品，是合法的食品添加物。起雲劑的配方通常是阿拉伯膠、乳化劑、棕櫚油、葵花油等不同原料混合而成。

　　塑化劑又稱增塑劑、可塑劑，是一種增加材料柔軟性的人工添加劑。常添加在塑膠製品內，以增加塑膠製品的軟度和彈性。PVC 的材質很硬，各位想一想你家所使用的灰色水管就知道了。為了有更多的用途，市面上的 PVC 產品，在製成各種成品之前，為了增進柔軟度和彈性，常添加不同含量的塑化劑來潤滑 PVC，這些塑化劑與高分子之間並沒有化學

鍵結存在，因為塑化劑的分子比高分子小太多了，所以塑化劑的分子可以游走於高分子彼此堆疊的結構，也就是塑化劑很會插空隙，使得高分子的鏈段不再緊密的堆疊，所以高分子會變軟，最高可加到 70% 的塑化劑。但是因為塑化劑與高分子之間沒有化學鍵結，所以塑化劑會慢慢往高分子的表面遷移，最後消失，結果造成此類塑膠製品最後會變脆、變硬，其整個過程的示意圖如下。當然如果塑膠受熱的話，塑化劑跑出來的速度更快，這些塑化劑都是有機的化合物，很容易與油脂類相溶，塑膠碰到油脂時塑化劑容易被溶出就是這個道理，所以使用上要小心。

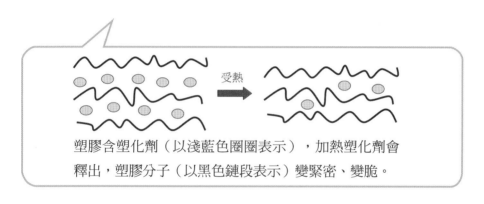

塑膠含塑化劑（以淺藍色圈圈表示），加熱塑化劑會釋出，塑膠分子（以黑色鏈段表示）變緊密、變脆。

　　添加於 PVC 的塑化劑種類很多，但其中最常見的一類是稱為鄰苯二甲酸酯（phthalates）的一群化學物質，它們都是鄰苯二甲酸的衍生物即酯類，其關係結構圖如下所示：

鄰苯二甲酸　　　　　　　　　鄰苯二甲酸酯

其中以 DEHP 的使用量最大。DEHP 是鄰苯二甲酸 2-乙基己基酯（Di-
（2-ethylhexyl）phthalate）的簡稱，DEHP 的分子雖然看起來很大，但相
對於長鏈的 PVC 聚合物而言，就有點小巫見大巫，因為 DEHP 只是個小
分子，有較高的移動能力，因此很容易由 PVC 製品中滲出。DEHP 可透
過 PVC 製品，經血液透析、輸血等不同的醫療過程而進入人體中，危害
人體健康。尤其是加護病房中的病人經常要使用種種不同的 PVC 醫療用
品，就有相當大的 DEHP 暴露的風險。與食物接觸的 PVC 包裝如盛裝沙
拉油的 PVC 瓶，以及食物保鮮膜，都曾被驗出有 DEHP 滲出到食物中。
最糟糕的狀況是人們常習以為常的使用 PVC 保鮮膜包覆食物，然後放入
微波爐中加熱，通常只要在微波下加熱 3 分鐘，食物中 DEHP 的含量即
大幅增加，不可不慎。此外，PVC 也可以製成很多種的玩具，而處於口
腔期的幼兒，經常會用嘴巴舐玩具，或者是摸完玩具之後再咬手指頭，我
們的手指有些許的油脂，因此這樣的動作可能會溶出少量的塑化劑，PVC
中的 DEHP 等塑化劑就可能被直接吃進幼童的肚子裡，因此對幼兒的健
康是一大隱憂。

　　DEHP 對動物的急性毒性很低，在長期攝入高劑量時會提高老鼠發生
肝臟腫瘤的機率，但對人類影響為何，目前還未有任何直接的科學證據證

明，DEHP 被歸類為環境荷爾蒙，被懷疑對發育中的男性生殖系統有很大的影響，尤其會對生殖健康造成影響，包括生殖率降低、流產、天生缺陷、異常的精子數、睪丸損害，並增加女性罹患乳腺癌的機率。環保署公告 DEHP 為第四類毒性化學物質，確認它有一些毒性，為不安全物質。塑膠類中 DEHP 的溶出限量標準為 1.5 ppm 以下，而食品中則不得添加，這就跟前幾年惡名昭彰的三聚氰胺事件有類似性質（詳見第七課），兩者都不應該是食品添加物。DEHP 的毒性更甚於三聚氰胺。合法的起雲劑不會使用 DEHP，正常的起雲劑成分是阿拉伯膠、乳化劑跟棕櫚油調配而成，但棕櫚油成本是工業塑化劑的 5 倍，黑心廠商惡意以 DEHP 取代合法的食品添加物，好降低成本及增加產品穩定性，大賺黑心錢。

鄰苯二甲酸酯主要有六種塑化劑，包括鄰苯二甲酸二丁酯（DBP）、鄰苯二甲酸丁苯甲酯（BBP）、鄰苯二甲酸二（2-乙基己基）酯（DEHP）、鄰苯二甲酸二正辛酯（DNOP）、鄰苯二甲酸二異壬酯（DINP）及鄰苯二甲酸二異癸酯（DIDP）。DINP 對動物的急慢性毒性皆比 DEHP 低，目前並未被我國環保署列為毒性物質。與 DEHP 相比，DINP 對人類確實很可能沒影響或影響微乎其微。有鑑於塑化劑的事件，現在「運動飲料」、「果汁飲料」、「茶飲料」、「果醬、果漿或果凍」及「膠狀粉狀之劑形」等 5 大類食品，廠商需提出安全證明方能販售。以下列出這六種常見的塑化劑的性質：

簡稱	英文名稱	中文名稱	環境荷爾蒙
DEHP	Di-(2-ethylhexyl) phthalate	鄰苯二甲酸二（2-乙基己基）酯	是 對動物有生殖毒性
DINP	Diusononyl phphalate	鄰苯二甲酸二異壬酯	否 對動物的生殖毒性不明顯
DBP	Di-n-butyl phthalate	鄰苯二甲酸二丁酯	是 對動物有生殖毒性
DIDP	Diisodecyl phthalate	鄰苯二甲酸二異癸酯	否 對動物的生殖毒性不明顯
BBP	Butyl benzyl phthalate	鄰苯二甲酸丁苯甲酯	是 對動物有生殖毒性
DNOP	Dioctyl phthalate	鄰苯二甲酸二正辛酯	否 對動物的生殖毒性不明顯

　　DEHA 的化學全名是 di-(2-ethylhexyl)adipate，是另外一種常見的塑膠軟化劑，也是一種酯類，但與鄰苯二甲酸的酯類不同。DEHP 和 DEHA 的結構比較如下。DEHA 可增加保鮮膜附著力，常添加於 PE 和 PVC 的塑膠品中。在動物實驗中發現 DEHA 會抑制公老鼠精蟲的數目，也會影響雄性小老鼠性器官的發育。此外在孕婦的尿液檢查中，如果尿液所含 DEHA 濃度較高者，生出男嬰的性器官發育異常的機率較高。不過，不孕與 DEHA 之間的因果恐怕仍有爭議。現在美國和歐盟環保署均將 DEHA 歸為沒有致癌疑慮的物質。

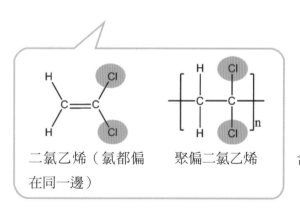

DEHP   DEHA

　　聚氯乙烯的一個親兄弟稱為聚偏二氯乙烯（Poly(vinylidene chloride),
PVDC），當氯乙烯中的一個氫原子再被氯原子取代的話，就會變成二氯
乙烯，可以自身聚合。聚偏二氯乙烯具有非常規律的結構，因此使得分子
間的排列非常緊密而形成高熔點的物質，因此具有不透氣的性質。廣泛使
用在保鮮膜及保鮮包裝上，也可用於汽車的椅墊套。聚氯乙烯和聚偏二氯
乙烯這兩種塑膠都含有氯，氯在這些塑膠的代號就是英文字母的「C」，
記得把它淘汰出局，「厚伊死（C）啦」（臺語發音），不要使用它們所
做成的保鮮膜，避免使用來裝高油脂的食物，當然更不能用來加熱喔！

二氯乙烯（氯都偏　　聚偏二氯乙烯
在同一邊）

含聚偏二氯乙烯的保鮮膜

另外，塑膠微粒是指粒徑範圍小於5公釐的塑膠顆粒，常被業者用來添加在化妝品及個人清潔用品中，以達到業者所稱的去角質、清潔等效果。但此類商品經民眾沖洗後，塑膠微粒容易流入水域及海洋，無法於環境中自然分解且不易收集清除。另一方面，人類現在因為使用大量的塑膠製品，經常隨意丟棄，造成海洋的「吃塑大餐」，無疑讓海洋中的塑膠微粒汙染問題雪上加霜，近年已發現許多海洋生物或魚類肚子裡均含有大量的塑膠微粒，因此經食物鏈循環極有可能吃進我們的肚子裡。

Q1：塑膠容器放在微波爐加熱，會不會產生可怕的戴奧辛？

A1：一般安全起見，塑膠容器最好不要放在微波爐加熱，因為容器可能會變形或熔化，只有含氯的塑膠容器如PVC和PVDC才可能產生戴奧辛，當然只要微波爐加熱的溫度不是太高的話，產生戴奧辛的機率就會比較低。

Q2：如果沒有回收標誌，有沒有簡單的方法可以辨別塑膠是否含氯？

A2：可以把加熱的銅線，將它接觸塑膠之後，再將銅線拿去用火燒，如果出現綠色的火焰，就代表這塑膠含有氯，八九不離十可確定材質是聚氯乙烯，即PVC。其他的PE和PP材質的，只會產生程度不同的煙霧而已，因為PP含有支鏈的甲基，所以燒起來比較臭。

主題五 **不耐高溫酸鹼的保麗龍「聚苯乙烯」**

又到了阿明宵夜吃泡麵的時間了，小潘潘急忙阻止，阿明心想這次又怎麼了，我偶而才吃一次泡麵，防腐劑應該還好吧！小潘潘說：「換個平

常吃飯的碗吧，不要用這種保麗龍碗，不安全又不環保。」

6 號 PS 材質　不耐高溫酸鹼【2011-07新聞】
　　6 號杯蓋，使用的是聚苯乙烯，簡稱 PS 的材質，普遍使用在製造養樂多罐，或是布丁杯，不過這種材質，不耐高溫和酸鹼物質，一旦熔化，可能就會釋放出致癌物苯乙烯，長期接觸還會影響生育能力。現打柳橙汁在 20 分鐘內將杯蓋溶出 4 個大洞，塑膠屑溶於果汁中杯蓋材質為聚苯乙烯。

　　保麗龍的主要材質是聚苯乙烯（Polystyrene, PS），聚苯乙烯是由單體苯乙烯聚合而成的。苯乙烯可以看作是當乙烯中的一個氫原子被苯環取代的話，就會變成苯乙烯，這是以乙烯為主體的一種看法；我們也可以來個「反客為主」，將苯乙烯看作是苯環上的一個氫原子被乙烯基所取代。有了這個苯環會很不一樣，苯環可以指向任何方向，一方面是苯環之間會有交互作用力，另一方面苯環會大大地阻礙了碳與碳之間原本的良好交錯默契，因此不像 PE 那樣柔軟有彈性，但具有高的透明度，耐熱溫度 70-90℃。杯蓋材質是俗稱 6 號塑膠的聚苯乙烯，在酸鹼溶液下容易釋出可能致癌物質苯乙烯，在動物實驗，苯乙烯已被證實會導致肝臟腫瘤，世界衛生組織將苯乙烯認定為動物確定致癌物、人類可能致癌物，民眾若長期接觸與累積，恐導致腸胃道方面的癌症，也可能損害生殖能力。

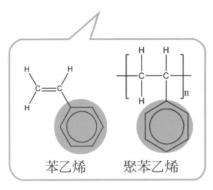

苯乙烯　　　聚苯乙烯

保麗龍碗

咖啡杯蓋

　　發泡的聚苯乙烯即是保麗龍在加工時，於熔融的聚苯乙烯加入所謂的發泡劑如偶氮二甲醯胺（azodicarbonamide）這類發泡劑，發泡劑一受熱便會分解產生一氧化碳、氮氣和氨，此時聚苯乙烯抓住這些氣體便在塑膠中就形成發泡的聚苯乙烯。經由添加發泡劑，可使聚苯乙烯的體積增加 10～45 倍，因此質量輕又有保溫作用，而廣泛使用在免洗餐具、咖啡杯、肉類及水產蔬果的包裝盒、養樂多瓶、泡麵碗、隨身杯、冰淇淋盒、蛋糕盒、電器緩衝包裝材、隔熱材等。雖然聚苯乙烯耐水性佳，卻不耐有機溶劑及油，把丙酮加入保麗龍中，由於丙酮會破壞聚苯乙烯的結構，讓發泡氣體逃逸，使得保麗龍的結構軟化，看起來好像被腐蝕一樣。另外，保麗龍也可完全溶在乙酸乙酯的溶劑中，如同第一課所提柳丁類的水果含有酯類，因此保麗龍不適合用來當作像柳丁、鳳梨、楊桃等酸性果汁及油炸類高油脂食品的容器。咖啡杯的蓋子也是聚苯乙烯，只是沒有加發泡劑，所以質地比較硬。

Q1：有些魚油會腐蝕保麗龍，那吃下肚會不會傷胃呢？

A1：魚油的主要成分是不飽和脂肪酸EPA和DHA（見於第四課），為了保存方便起見，會加工處理，當魚油經處理變成乙基酯型態時，就會腐蝕保麗龍；但如果魚油經處理變成三酸甘油酯型態時，這種魚油便不會腐蝕保麗龍。但不管怎麼樣的魚油都應該不會傷胃的，因為我們胃的材質跟保麗龍是完全不一樣的。

主題六　看誰最不沾鍋的「鐵氟龍」

阿明買了一條新鮮的魚要回家給小潘潘料理，煎呀煎，小潘潘後來冒出一句話：「這鍋子真是難煮，都會黏鍋，下次我們去買那一種不沾鍋的好不好？」阿明心想，不沾鍋的表面一定有塗上一層保護膜，萬一不小心吃到肚子裡，會不會對身體有害呢？果不其然，被阿明找到不沾鍋的相關新聞。

杜邦不沾鍋可能致癌【2005-01新聞】

在 2004 年 7 月，美國環境保護署控告開發與生產的杜邦公司，20 年來蓄意隱瞞製造「鐵氟龍」時添加的助劑「全氟辛酸」（PFOA），可能對人體有害，違反毒物管制法。

不沾鍋化學物　恐升高孩童膽固醇【2011-12新聞】

美國科學家指出，用來製作不沾鍋、微波爐爆米花和防水布料的化學物質，可能增加兒童的膽固醇。研究發現兒童的血液中全氟辛酸（PFOA）和全氟辛烷磺酸鹽（PFOS）含量對膽固醇的升高有影響。全氟烷酸已知是一種神經毒素，會影響大腦發育，破壞認知等行為機能。

　　當乙烯中的四個氫原子都被氟原子取代時，便成為四氟乙烯，當四氟乙烯是單體時，所得到的是聚四氟乙烯（Polytetrafluoroethylene, PTFE）。當四氟乙烯和其他的氟碳化物共聚合之後可形成各類不同的塑膠，這類塑膠統稱為鐵氟龍，聚四氟乙烯本身就是鐵氟龍的一種，鐵氟龍是美國杜邦公司的商標名稱。話說當年 1936 年普倫基特（R. Plunkett）這個年輕人加入杜邦公司的研究團隊，受命研究新型的冷凍劑，因為當時所用的冷凍劑如氨和二氧化硫都是比較具有毒性的，他想說用四氟乙烯當作基材應該不錯，有一天他陰錯陽差忘了將裝有四氟乙烯的鋼瓶開關忘了關好，他想這下完蛋了，後來他發現鋼瓶的重量好像沒有減少，他心想會不會四氟乙烯氣體沒有跑出去鋼瓶，於是乎他將鋼瓶打破，才發現瓶底有一層白白的光滑東西，這東西原來就是鐵氟龍。

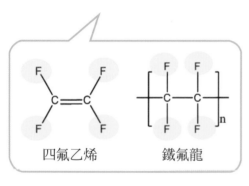

四氟乙烯　　　　鐵氟龍

鐵氟龍膠帶

不沾鍋

　　PTFE 的化性和熱穩定性非常好，主要是因為 C－F 鍵非常的強，C－C 鍵結也非常強，使得分子在一般的溫和的加熱條件下毫髮無傷。另一方面是因為氟原子和碳原子的大小差不多，這使得圍繞在碳鏈外圍的氟原子好像形成一層的保護膜一樣，使得碳鏈中的碳原子免於外來的化學攻擊，所以很穩定。因此油脂沒有辦法親近碳鏈中的碳原子，僅能覆蓋在 PTFE 的表面，因此造成不沾鍋。因為對化學侵蝕具有抗性，所以鐵氟龍是一種惰性、堅韌及不可燃的材料，它被廣泛地使用在電路絕緣體、烹飪

用的不沾鍋器具的塗層及在低溫應用的軸承。

　　自杜邦於 1940 年代推出鐵氟龍不沾鍋以來，以炒菜不沾鍋、少用油、好清洗、重量輕等特點，吸引眾多家庭煮婦的青睞。一般所謂的不沾鍋是鍋的表層塗上一層鐵氟龍，它的優點就是煮任何東西都不怕黏鍋，很好煮食。但是通常有一好，就沒有兩好，有優點就必有缺點，鐵氟龍鍋的缺點是不能用太高的高溫煮食物，在高溫下，表層會釋放出一種有害人體的全氟辛酸（$C_7F_{15}COOH$，PFOA），在 2004 年 7 月媒體曾報導鐵氟龍會釋放全氟辛酸和全氟辛烷磺酸鹽，這兩種不沾鍋物質都屬於「全氟烷酸」（perfluoroalkyl acids）。杜邦表示他們在鐵氟龍的製造加工過程中，加入全氟辛酸銨當作加工助劑，並宣稱過去的五十年裡，全氟辛酸對人體和環境都無害。但在美國環保署的動物實驗發現，全氟烷酸導致腫瘤，傷害肝臟，造成膽固醇濃度改變，但是它是否會危害人類及環境還在爭議中。

　　因此如要使用鐵氟龍不沾鍋的話，最重要的是鍋裡表層要小心，避免有任何的刮傷，因此最好用木製的鍋瓢，如鍋的表層有刮傷，寧可丟棄不用。另外，商品如標示氟素樹脂就是含鐵氟龍。

主題七　不再是特別寶貝的「寶特瓶」

　　夏天老天不下雨，又停水了，阿明趕緊去買寶特瓶裝的水，放車上忘了帶回家，結果瓶子底部變的有點綠綠的，小潘潘罵說：「車上溫度高，這一定產生了化學反應，這水不能再喝了！」阿明心想老婆還學得真快，連化學反應都出口了。

　　由於寶特瓶具有質輕、衛生、不易破裂的特性，深受飲料製造商和消費者的喜愛，寶特瓶的主要成分是 PET（聚對苯二甲酸乙二酯），PET 可由對苯二甲酸和乙二醇在含銻的觸媒協助下發生反應而聚合而成，所以是一種縮合聚合反應所產生的共聚物，PET 的製造如下所示。最常用在礦

泉水瓶、餅乾盒、沙拉油瓶和飲料瓶。但如果受到陽光曝晒過久，或放置在溫度超過 40℃的高溫下，就會引發材質老化，寶特瓶的催化劑會隨著存放時間的增長而釋放出銻，會影響內分泌，造成慢性中毒。

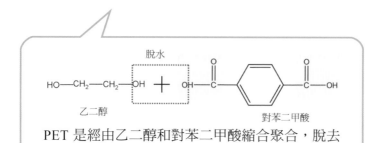

PET 是經由乙二醇和對苯二甲酸縮合聚合，脫去水而成的。

寶特瓶

寶特瓶因為不再寶貝了，所以回收是一個非常重要的課題，它的回收標誌是 1 號。如何將這些寶特瓶賦予新的生命，是一個重要的課題，2011年的台北花博的環生方舟就是全球第一座用回收的寶特瓶所建造的綠色建築，是一個非常成功的例子：

2011 年台北花博的環生方舟是用回收的寶特瓶所建造的綠色建築。

主題八　回收七號的「聚碳酸酯」及「聚乳酸」

　　小潘潘熱菜時總喜歡用蒸的，阿明卻是喜歡用微波爐，既方便又快速，有一天阿明不小心拿了一個塑膠盒要做微波的動作時，就被小潘潘急忙制止：「這塑膠盒可以微波嗎？」，阿明心想從化學觀點來看，微波的能量很低，應該不要緊，但是它後來想想還是研究一下什麼塑膠的材質才可以用來微波比較妥當。

> **塑化劑風暴／環保杯也含塑！　衛署驗「室溫溶毒」【2011-06新聞】**
> 　　衛生署發現，就算在室溫下，塑膠容器回收辨識碼 1 到 6 號材質，都會釋出微量塑化劑，檢視知名品牌隨行杯，大多是 7 號，也就是 PC 聚碳酸酯，耐溫 120-130 度，衛生署這次沒驗出塑化劑。

　　聚碳酸酯（Polycarbonate, PC）材質，又稱太空玻璃，回收標誌 7 號，常用於微波爐專用餐盒及兒童餐盒、奶瓶、運動飲料瓶，質輕又耐撞，但它的原料是會影響內分泌的雙酚 A，雙酚 A 會增加男性前列腺畸形，以及增加女性患乳癌風險。我們在第三課已經探討過雙酚 A 是環境荷爾蒙的課題。

　　聚乳酸（Polylactic acid, PLA）是乳酸的聚合物，蛋盒、冷藏食品盒子有 B 的代號，表示可被環境中的微生物分解，聚乳酸是生物可分解塑膠，是一種環保塑膠。現在外科手術所用的縫線材料必須是在體內可以進行生化分解的高分子，這些高分子之後可與水反應或受體內酵素的作用而分解，其中一類的高分子便是聚乳酸，因為乳酸本身就是我們人體的一部分，聚乳酸是由一個乳酸的羧酸基（－COOH）與另一乳酸的氫氧基（－OH）反應，形成類似酯類的連接。在體內的話，此類聚酯類的高分子在兩週內便會漸漸水解而釋出人體可以代謝的乳酸，因此不需要拆線的

步驟了。聚碳酸酯和聚乳酸的原料及成品如下所列：

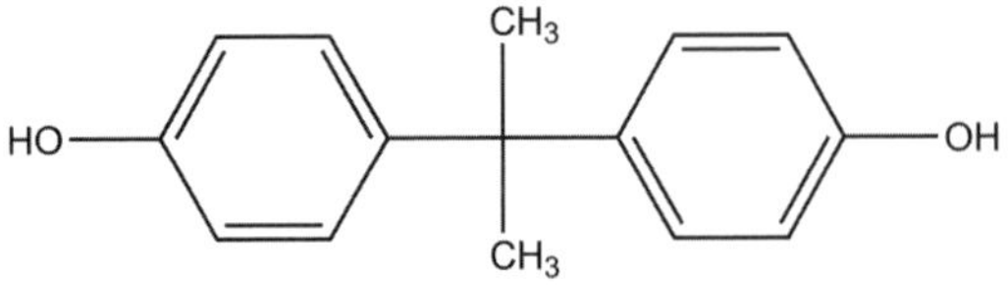

雙酚 A 是聚碳酸酯的原料

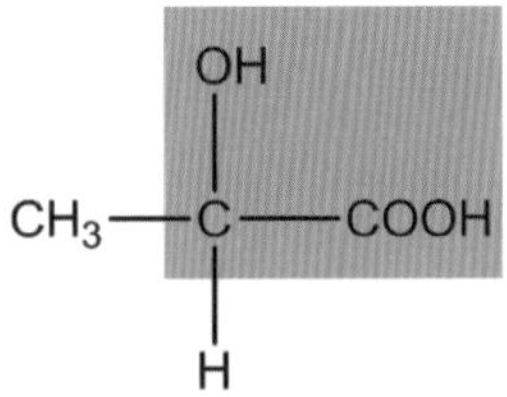

乳酸是聚乳酸的單體

聚碳酸酯的奶瓶

聚乳酸的咖啡杯

依環保署資源回收管理委員會的資料，可將塑膠回收標章分類如下：

編號的照片	主要成分	用途	耐熱和安全問題
PET	PET（聚對苯二甲酸乙二酯）	寶特瓶裝冷飲	耐熱 70℃，過熱及長期使用恐釋出致癌物
HDPE	HDPE（高密度聚乙烯）	購物袋	不易清洗殘留物，最好不要重複使用
PVC	PVC（聚氯乙烯）	水管、洗衣精瓶	耐熱 81℃，過熱容易釋出毒素

4 LDPE	LDPE（低密度聚乙烯）	塑膠袋、藥瓶	耐熱 90℃，過熱恐釋出致癌物
5 PP	PP（聚丙烯）	汽車零件、保鮮盒	耐熱 165℃，耐酸鹼，用來裝食物比較安全
6 PS	PS（聚苯乙烯）	玩具、食物容器	不耐酸鹼，遇酸鹼如柳橙汁或高溫易釋出致癌物
7 OTHER	其他類如聚碳酸酯（PC）	光碟片、奶瓶	PC 遇熱會釋出環境荷爾蒙雙酚 A，增加男性患前列腺畸型及女性乳癌的風險

　　綜合以上，要判斷不同塑膠製品的耐熱溫度，其實轉一轉塑膠容器，通常都在容器的底部，可以看到三角形的回收標誌，通常都會標有 1 至 7 的識別碼，5 號的聚丙烯最耐熱，2 號 HDPE 和 4 號的 LDPE 聚乙烯也相對安全，1 號的寶特瓶和 3 號的 PVC，耐熱溫度都在 60～80℃之間，過熱容易產生塑化劑。6 號是 PS 或保麗龍，最高不能超過 90℃，否則會釋放有毒的苯乙烯。相較於其他的塑膠，聚乙烯和聚丙烯的材質比較安全。

第七課　食在不「胺」心

主題一 貍貓換太子的「三聚氰胺」

自從爆發三鹿毒奶粉事件之後，大家對三聚氰胺聞之色變，小潘潘趕緊叫阿明看一看小孩子喝的奶粉是哪家廠牌，阿明回答說：「免驚啦，我都有在注意，沒問題的啦！」小潘潘問說：「三聚氰胺是什麼？為什麼要加在奶粉裡？喝了這種奶粉又會怎樣？」阿明於是將一些有關三聚氰胺的報導找出來。

三鹿毒奶粉事件【2008新聞】

不肖商人，一味追求利潤，枉顧民眾的安危，竟把三聚氰胺非法添加在乳製品中，企圖瞞天過海，假象地提高蛋白質成分，由於三聚氰胺結石微溶於水，哺乳期的嬰兒因喝水很少，且其腎臟比成年人的小，而容易形成結石。

添加三聚氰胺的產品令人聞之色變

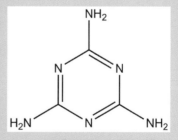

三聚氰胺的化學結構

　　大陸有個打油詩：「三鹿讓同胞知道三聚氰胺的化學作用；外國人喝牛奶結實了，中國人喝牛奶結石了。」嘲諷語氣令人感到會心一笑，但也道出了三聚氰胺（Melamine）的嚴肅話題。三鹿毒奶粉主要是添加三聚氰胺，三聚氰酸又稱為蜜胺，是一種有機含氮雜環化合物，雖然它的名字有一個「聚」，但是它並不是一種高分子或聚合物。三聚氰胺的結構如上，可計算出它含有 66% 的氮，微溶於水。三聚氰胺為何一夕之間變成毒奶事件的元兇？為了追求利潤的不肖商人，竟把三聚氰胺非法添加在乳製品中，尤其是奶粉中會影響嬰幼兒甚大，這些商人企圖瞞天過海，因為奶粉需要檢測蛋白質的含量，而蛋白質含有多種的胺基酸，這些胺基酸都含有氮這個元素，通常假設蛋白質是奶粉中唯一含氮的來源，利用凱氏定氮法或元素分析法檢測奶粉的含氮量，含氮量愈高則代表奶粉的品質愈好，為了假象地提高蛋白質成分，不肖商人知道三聚氰酸的含氮量很高，又是白色粉末且低成本，因添加三聚氰胺於奶粉中，可以誤認為富含氮的蛋白質，因此便以三聚氰胺當作食品添加劑，豈不知這樣的行為已經嚴重危害到大眾健康。

　　目前廣泛認為三聚氰胺毒性非常輕微，但是由於加工過程中的原因使得三聚氰胺中常常混有三聚氰酸，兩者緊密結合形成不溶於水的網狀結構。攝入人體後，因為胃酸的作用，使得三聚氰胺和三聚氰酸相互解離，並分別通過小腸被吸收進入血液循環並最終進入腎臟。在腎中兩者再次結合沉積進而形成腎結石，堵塞腎小管，最終造成腎衰竭。由於三聚氰胺微溶於水，但成年人因經常喝水，所以三聚氰胺要在成年人身體中不易形成結石；但哺乳期的嬰兒因喝水很少，且其腎臟比成年人的小，因此容易形成結石，這就是為什麼中國嬰幼兒奶粉汙染事件沒有成年人生病的原因。

　　前一陣子也常鬧出要使用什麼儀器來偵測微量的三聚氰胺呢？一般而言，可分成低階的高效能液相層析術（HPLC）和高階的氣相層析質譜儀（GC-MS），HPLC 可檢測的極限約為 2.5 ppm，優點在於分析時間短，

儀器的價格比較便宜，但靈敏度較差。GC-MS 則可偵測到 0.01 ppm 左右，靈敏度較高，雖可同時鑑定分子特徵，但需經衍生化處理，成本較高。所以如果檢測的結果是「未檢出」，並不代表裡面完全不含三聚氰胺，而只是告訴你三聚氰胺的含量低於所用的檢測儀器的偵測極限而已，你也應該要知道它是用哪一種儀器作檢測的，因為不同的儀器的偵測極限是不一樣的。

主題二　櫻櫻美黛子的「美耐皿」

阿明家有個碗真的是太漂亮、太可愛了！小庭和阿豆常常為了這個碗搶來搶去，小潘潘感到很煩，問起阿明說：「你知道這個碗是用什麼材質做的嗎？」阿明說：「我當然知道，那是美耐皿做的，跟妳的廚具美耐板都是一樣由三聚氰胺做的。」小潘潘說：「什麼！三聚氰胺怎麼那麼陰魂不散？趕快把那個碗給我丟掉！」

美耐皿餐具被驗出甲醛、三聚氰胺【2012-09新聞】

民眾生活中普遍使用美耐皿餐具，依《食品衛生管理法》，已修正「食品器具容器包裝衛生標準」，將含有甲醛、三聚氰胺為合成原料的塑膠納入管制項目，訂定三聚氰胺限量標準為2.5 ppm、甲醛需為不得檢出。

兒童餐具雖可愛，但需小心潛藏三聚氰胺危機【2017-12新聞】

許多媽咪為孩子準備的兒童餐具是外觀宛如陶器，卻較為輕巧且不易碎的美耐皿，美耐皿是三聚氰胺與甲醛聚合而成的塑膠製品，盛裝食物時恐怕會有一定量的三聚氰胺與甲醛滲入食物之中。而三聚氰胺在動物實驗之中發現是膀胱癌的致癌物。

抽驗美耐皿餐具，中國製的筷子被驗出含甲醛【2017-10新聞】

臺北市衛生局到量販店、餐具販售商店、五金百貨商店抽驗30件美耐皿食品容器具，發現其中1件美耐皿筷子檢出甲醛及高錳酸鉀消耗量超量不合規定。

三聚氰胺長得有點像酚，酚可以利用它的氫氧基（－OH）與甲醛聚合而成苯酚甲醛樹脂，同樣地一個三聚氰胺分子就有三個胺基（－NH_2），因此也可以利用這種官能基和甲醛聚合，美耐皿塑膠製品就是由三聚氰胺與甲醛聚合而成的三聚氰胺-甲醛樹脂做的，美耐皿不易摔破、美觀耐用且容易清理，是許多飲食、快餐和火鍋店愛用的餐具，這類器皿的物理性質非常類似陶瓷，堅硬不變形，但又不像陶瓷那樣易碎。雖然耐熱溫度約110℃至130℃，但外表不變形並不保證絕對安全。事實上，如果用來裝盛40℃以上高溫熱湯，就會使微量的三聚氰胺釋出，溫度愈高釋出量愈高；而有損傷、刮傷或老舊的美耐皿更容易溶出三聚氰胺。美耐皿的餐具不要在微波爐中使用，因為其受熱後亦有可能散發毒性。基本上品質優良的美耐皿是不會溶出甲醛的，但是現在太多美耐皿餐具很多來自大陸，品管控制並不是很好，製程中如果反應不完全，就容易有甲醛的殘留，甚至還有一些重金屬殘留，所以不要買太便宜的美耐皿餐具，也注意一下有無刺激的怪味道，如果有的話，很可能就有甲醛的殘留。

很多店家都使用美耐皿餐具，因此建議外食族儘量找使用不鏽鋼或瓷製餐具的餐廳用餐，因為國內有做過研究，拿美耐皿材質的碗用滾水泡麵，吃了之後，檢驗尿液，居然馬上驗得出三聚氰胺，數值是使用陶瓷碗的6倍。另外有些人冬天吃火鍋時喜歡一邊聊天，一邊把美耐皿的湯勺放在火鍋湯裡煮，這樣有可能喝下滿湯的三聚氰胺。

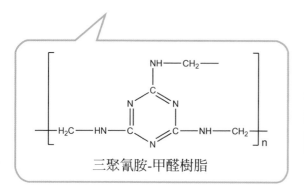

三聚氰胺-甲醛樹脂

美耐皿餐具

Q1：使用美耐皿的餐具應該注意哪些事項呢？

A1：(1)避免用來裝盛熱湯，不要碰到油和酸；

(2)不可微波、不可高溫蒸煮，也不可烘烤；

(3)用久了有刮痕或磨損，記得要換新；不要用刀叉在美耐皿餐具上切食物；

(4)洗滌時千萬不要用菜瓜布或鋼刷用力刷洗，並用中性洗潔劑清洗；

(5)避免使用色彩鮮豔豐富的餐具；

(6)避免使用紫外線殺菌。

Q2：聽說現在用來清潔油汙的科技泡棉，其實也是一種美耐皿，是真的嗎？

A2：是的！市售「高科技泡棉」是利用美耐皿製成非常微小（微米級）的纖維構造，再製成海綿狀的產品，這種纖維構造形成三度空間的網狀結構，它的結構非常堅硬，有點像砂紙一樣，不需要化學清潔劑的幫忙，加上一點水就可以深入汙垢，配合摩擦的作用，便可去除汙垢，有點像橡皮擦一樣，會愈擦愈小。

建議最好買國外大品牌進口的高科技泡棉，市面上很多中國大陸仿製品，品質堪憂。這種科技泡棉拿來清潔地板或廚具髒汙是沒有問題的，但是清洗完後最好還要用清水沖過比較安全，記住和美耐皿一樣，不要用超過40℃的溫水，也不能沾到油、酸。現在最大的問題在於吃的和用的傻傻分不清楚，高科技泡棉不能直接用來搓揉蔬果表面，最好也不要拿來洗碗洗餐盤，以免吃到殘留的三聚氰胺。也不要拿來擦拭皮膚，以免皮膚受傷，另外也不要用來清洗你的愛車，以免傷害車子的烤漆。這就好像我們使用肥皂來洗手和身體，但你應該不要拿肥皂來清洗水果吧！

Q3：如果到外面吃飯，真的不得不使用美耐皿餐具，那該怎麼辦？

A3：最好的方法就是想辦法多喝開水，因為三聚氰胺在體內約3～4小時即會經腎臟排出一半，如果喝足夠量的開水的話，在一天內就會有九成的三聚氰胺排出體外，兩天內就會全數排出。

主題三　　薯條的可能致癌物「丙烯醯胺」

小庭這次月考考得不錯，阿明為了獎賞她，就帶她去速食店用餐，小庭說：「爸爸，記得一定要幫我點薯條喔，薯條好香好脆好好吃！」這時小潘潘說話了：「薯條是油炸的，少吃點，我記得報導過薯條好像會產生什麼致癌物，阿明你曉不曉得？」阿明說：「好像是丙烯醯胺，我查一下它的報導。」

暗藏在薯條中的危險分子【2009-07新聞】

　　抽驗七家速食店，發現油品、洋芋片、炸薯條和很多平常的食物裡，都含丙烯醯胺，丙烯醯胺是已知的動物致癌物，而它居然出現在一般的食物裡，這可能是每年幾千例癌病產生的原因。

抽驗高溫加工食品發現有一件丙烯醯胺超標【2018-07新聞】

　　當食品中同時含有胺基酸及還原醣且低水份之情況下，經乾煎、油炸或烘烤等高溫處理（溫度超過120℃）時，會經梅納反應自然生成丙烯醯胺，可能會存在於麵包、油炸洋芋片、咖啡、餅乾、早餐穀片等食品。

　　丙烯醯胺的英文名稱是 acrylamide，丙烯表示含有三個碳的烯類，而醯胺是一種與胺類相近的官能基。丙烯醯胺在工業上的應用很多，舉凡作為塗料的改良劑、水泥和紙張的增強劑、淨水和廢水處理時的混凝劑。2002 年瑞典科學家提出油炸或燒烤的食物裡含有相當數量的危險分子，這分子就是丙烯醯胺。為什麼會出現在油炸和燒烤的食物，特別是洋芋片和薯條呢？原來是這些食物中的胺基酸，尤其是天門冬胺酸，在高溫的情況下，碰到醣類如葡萄糖或蔗糖，會經過一系列的化學反應，最後釋放出丙烯醯胺。產生丙烯醯胺的溫度很重要，如果溫度低於 120℃，通常不會有丙烯醯胺。但是如果在 175℃，只會形成一點點；當溫度高於 175℃之後，丙烯醯胺的量就會暴增。因此在油炸薯條時，要特別注意溫度的控制。在動物實驗上，丙烯醯胺會使白老鼠出現視神經受損、四肢無力、甲狀腺腫瘤的症狀。

　　馬鈴薯產生丙烯醯胺的機會最大，因為它含有豐富的天門冬胺酸，所以馬鈴薯最好是用煮的，溫度比較低，比較不會有丙烯醯胺。如果是用油炸或者是微波爐，則可能會產生不少的丙烯醯胺，吃下高濃度的丙烯醯胺

會影響神經系統，因此吃薯泥比吃薯條要安全的多。粗一點的薯條，丙烯醯胺的含量會比較少。建議在油炸之前，先將馬鈴薯浸泡在水裡，讓裡面的糖分可以先溶出來。

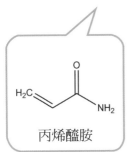

丙烯醯胺

馬鈴薯

薯條

洋芋片

主題四　燒烤的異類「異環胺」

最近燒烤店如雨後春筍般的到處林立，小潘潘說：「聽說某一家燒烤店很好吃，我們去吃吃看！」阿明心想荷包又要失血，於是想了一個理由說：「等中秋節到了，我們再去吃，但是記得烤焦的部分不要吃喔！」這時三歲的阿豆最愛問：「為什麼不能吃？」阿明說：「反正這些黑黑的都不是好東西，容易致癌。」阿明也不是省油的燈，馬上找出相關的新聞報導：

天天吃燒烤肉　少年罹腸癌【2011-07新聞】

油脂吃得愈多，罹患腸癌、乳癌、攝護腺癌的危險愈高，肉類燒烤油炸後的香氣誘人，卻會產生致癌物質異環胺，尤其帶皮的雞肉含量最多。

異環胺

　　紅肉中的苯丙胺基酸及肌胺基酸，經過燒烤烹調後，會產生異環胺（Heterocyclic amines, HCAs）致癌物，建議儘量避免食用燒烤後的肉類。平常的環都是由碳與碳接在一起的，如果有的碳被氮所取代的話，則稱為異環或稱雜環。同樣道理，高溫燒烤油炸的蛋白質食物，例如油炸雞、豬、魚排及燒烤肉串等，顏色愈濃愈深，所含有的異環胺愈多。異環胺化合物超過 20 種，其中的一種其結構如上所示。一般要在高溫（200～300℃）和相當長時間的燒烤，肉類中的蛋白質和燒烤中的物質發生反應，才比較會產生異環胺。異環胺容易被腸胃吸收，在肝臟解毒，但有可能被活化而改變基因，導致癌症。日本人患胃癌的人比例比較高，可能的原因是他們愛吃過多的燒烤食物。研究亦指出，使用洋蔥或大蒜當醃料，先泡隔夜再燒烤油炸，可以減少異環胺三成左右，中國人習慣用蒜蓉醬油醃肉，果然有幾分道理。如果加上橄欖油，可以減少異環胺到九成，此外，如果肉類先用紅酒浸泡 6 小時以上，可以形成一層薄膜，保護肉類在高溫下降低異環胺約四成。

主題五　令人臉綠的「孔雀石綠」

　　阿明跟小潘潘去逛魚市場，想買隻石斑魚回家清蒸，阿明說：「老婆妳看，這隻很大、魚眼還炯炯有神，選這隻好了！」小潘潘回說：「買魚作菜還是女人比較懂，這魚腹部有點白，會不會用雙氧水漂白過，身上也好像有點太綠，說不定含有孔雀石綠。」阿明心想孔雀石綠是什麼？趕緊查查一下相關的新聞報導。

鰻魚中的孔雀綠從何而來？【2015-05新聞】

漁業署查驗有鰻魚被驗出含有孔雀綠，漁業署指出，本案可能肇因於養殖戶錯誤的用藥觀念，或是殘留在養殖池底的物質汙染。我國水產品孔雀綠、還原性孔雀綠的檢出極限標準各為0.5 ppb，相較於日本、歐盟的檢出極限為2項合計不得超過2 ppb來得嚴格。

臺海鮮驗出孔雀石綠【2016-01新聞】

臺灣食藥署今天公布食用水產安全衛生稽查結果，針對批發魚市場、大賣場及超市共60件水產品檢測動物用藥殘留，除了20件文蛤全數合格外，10件金錢仔、15件水魚及15件大閘蟹中，共有9件不合規定，不合格率達15%。

孔雀綠（Malachite green）又稱孔雀石綠，它的名稱係因其顏色與孔雀石相似而得。孔雀石是一種天然的綠色寶石，其呈綠色的原因是由於寶石中含有豐富的銅離子。孔雀石顏色酷似孔雀羽毛斑點的綠色而得此名。孔雀石綠是一種三苯基甲烷（triarylmethane），它是帶金屬光澤的綠色結晶體的染料，可以看作是甲烷的三個氫原子被三個苯環取代，當苯環接上一些其他的官能基如胺類之後，可以幫助胺基和苯環之間的雙鍵產生共軛的情況，這就和先前第二課所提的共軛烯類是一樣的道理，因此會有助它對可見光的吸收，而會呈現鮮豔的顏色，原本用於絲、羊毛、棉及紙等不同物料當作染料。

孔雀石綠是禁藥，常被違法使用於養殖水產，在水中添加孔雀石綠治療魚身外傷，防止黴菌感染，避免傷口潰爛，也可以預防避免運送途中魚身碰撞刮傷而引起魚鱗脫落、糜爛、死亡等現象。一旦孔雀石綠被魚兒吸收後，會經由代謝反應形成無色的還原型孔雀綠，並且長期存在於魚體組織造成殘留。動物試驗顯示，高濃度的孔雀綠會有致癌性。

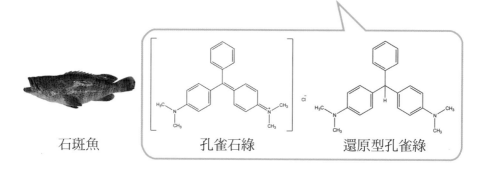

石斑魚　　　　　孔雀石綠　　　　還原型孔雀綠

主題六　　美麗的糖衣「食用色素」

　　小庭和阿豆最喜歡吃五顏六色的糖果，小潘潘警告他們：「糖果吃太多會蛀牙，牙齒會掉光光，變成老爺爺和老太婆喔！而且這些顏色都是色素，吃多了好像會過動。」阿明急忙補充：「妳看這裡寫著含紅色 40 號、藍色 1 號、藍色 2 號，這些都是食用色素。」

抽驗蜜餞零食　逾 1 成不合格【2011-12新聞】

　　年節快到，抽查雜貨店零食，從六十件食品裡面發現有八件色素，以及糖分標示不合格，還有防腐劑超標的情形，長期食用除了肥胖，還有可能讓兒童注意力下降，引發蕁麻疹。

聯合稽查蘇丹紅等14種食用色素【2018-06新聞】

　　環保署今天公告，蘇丹色素等十四種可能非法添加在飼料或食品中的色素，由於具有食安疑慮，公告的十四種可能非法添加在飼料或食品中的色素，包含蘇丹色素八種（一號、二號、三號、四號、紅G、紅七B、橘G、黑B），以及二乙基黃、王金黃（塊黃）、鹽基性芥黃、紅色二號、氮紅、橘色二號。

　　有些食物本身就有天然的顏色，如第二課所提的胡蘿蔔所含的胡蘿蔔素就是一個例子，所以我們可以在一些奶油成品中添加胡蘿蔔素作為顏色的添加劑，另一方面，胡蘿蔔素又會水解成維他命 A，所以也算是維他命的添加劑，可說是一兼二顧、摸蛤兼洗褲，但如果色素都用天然的，對商人來講成本會太高。為了吸引顧客的目光，食品工業開始使用一些人工色素。

　　唯五顏六色的糖果確實是小孩子無法抵擋的誘惑，這些顏色大部分都不是來自天然的色素，而是人工合成的食用色素。這些食用色素的化學結構很複雜，不過都是含有苯環的部分結構，再加上一些特定的官能基如偶氮類（$-N=N-$）。為增加它的水溶性，大半都會有磺酸根（$-SO_3^-$）或有羧酸根（$-COO^-$）。雖然自 1906 年起，美國的食品藥物管理局（FDA）開始規範食用色素和它的使用濃度，但畢竟 FDA 不是萬能的，後來發現以往所使用的橘色 1 號，雖然顏色很像南瓜的顏色，但是會造成小孩子的腸胃不舒服，另外像黃色 3、4 號的結構有一部分是 β-Naphthylamine，在合成時都會含有少量的 β-Naphthylamine（下圖黃色區塊處），這是在動物實驗中已經被證實是致癌物，這兩種色素會和胃酸反應生成此致癌物；而紅色 2 號也在動物實驗中發現可能有致癌性，所以這四種食用色素都已經被禁用了，它們的化學結構如下：

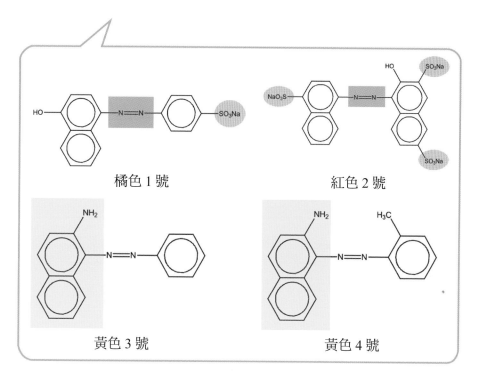

橘色 1 號

紅色 2 號

黃色 3 號

黃色 4 號

　　現在合法使用的食用色素有紅色 40 號及 3 號、黃色 5 號及 6 號、綠色 3 號、藍色 1 號、2 號等，這些色素的結構如下所示。紅色 40 號和黃色 5、6 號，這些都含有偶氮類，這是染料的特徵結構，偶氮類的色素其實常是染料的著色劑，就連染髮劑也是用這類的試劑。藍色 1 號和綠色 3 號則屬於苯甲烷，跟孔雀石綠有著類似的結構。攝取多量的人工色素對人體並沒有任何的好處，尤其是體質較特殊的人，可能會引發氣喘、蕁蔴疹、真皮水腫等害處，尤應避免選擇色彩鮮艷的食品。小孩吃過多含有食用色素的糖果，恐怕會引發過動。

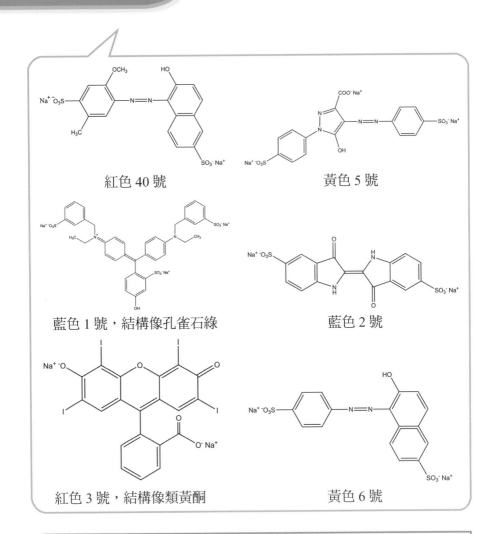

紅色 40 號

黃色 5 號

藍色 1 號，結構像孔雀石綠

藍色 2 號

紅色 3 號，結構像類黃酮

黃色 6 號

主題七　跳到黃河都洗不清的「皂黃」

　　阿明和小潘潘去逛魚市場，看到攤位上擺的黃魚很漂亮，而且價格也很便宜，正當小潘潘要買時，阿明突然阻止她，並且竊竊私語的說：「黃魚太黃，可能內情不單純，我們還是看其他的魚好了。」回家之後，阿明立即找出相關訊息。

鹹魚加皂黃　可能得肝癌【2007-04新聞】

　　一般醃漬鹹魚所採用魚體，並無特別鮮明之色澤，為增加鹹魚之色澤及賣相，業者除添加合法使用的黃色 4 號或 5 號色素外，常違法使用工業用色素皂黃，此工業用色素有導致肝癌危險，籲購買鹹魚時選自然色較好。

黑心豆腐乳【2015-01；2017-10新聞】

　　食藥署啟動各縣市豆製品如豆乾、板豆腐、豆腐乳等所有豆類製品的檢驗，檢驗項目含二甲基黃、二乙基黃和皂黃等。

　　皂黃（俗稱 Metanil yellow）結構含有偶氮類，可視為一種染料，用在肥皂的染色，可以染皮革、調製油漆、工業色素，但是不可用在食品製造上，依規定不得作為食用色素使用。其結構如下。依據相關研究報告，皂黃會引起肝臟細胞損害，而促進肝癌的發生，是一種致癌物質，但是不肖商人可能將它添加在火鍋料、豆乾、黃魚及麵粉，一般民眾無法經由肉眼加以辨別，下次記得買黃魚時不見得愈黃愈好囉。另外，便當盒中的黃色醃蘿蔔乾其鮮豔的黃色也有可能是浸泡於皂黃以達到快速染色的目的。

　　二甲基黃和二乙基黃的結構和皂黃類似，都是屬於偶氮類的有機化合物，為人類可疑的致癌物，常非法添加於豆乾等豆類製食品、醃漬黃蘿蔔和泡菜，不得不小心。

黃魚

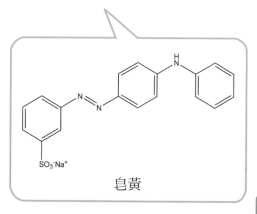

皂黃

主題八　承「瘦」不了的「瘦肉精」

　　既然不買可能有問題的魚，那阿明建議去逛豬肉市場，回去煮點紅燒肉總可以了吧！小潘潘說：「吃豬肉更要小心，最好買一些有認證過的，雖然有時候也會聽到認證過的豬肉也會有問題，但是現在抗生素那麼多，總比沒有認證過的安全一點。」阿明說：「要不然買點牛排，回去享受一下牛排大餐！」但小潘潘趕緊說：「千萬別買美國牛，聽說有瘦肉精的殘留！」阿明感嘆：「原來吃大魚大肉，問題居然這麼多！」

邊境檢驗，查獲首例美牛瘦肉精超標【2016-04新聞】

　　瘦肉精美牛開放後首次查獲超標！衛福部食藥署昨天公布，上月在邊境檢驗查獲樹森公司進口的「冷藏特殊品級去骨牛肉」，被驗出瘦肉精萊克多巴胺超標一倍；這是我國自2012年放棄零檢出、改制訂含瘦肉精牛肉的標準以來，第一次查獲含萊克多巴胺的美國牛肉超標案件。

衛福部：市售豬肉食品僅0.8%殘留瘦肉精【2016-05】

　　衛福部公布近兩三年來的篩檢成果，僅0.8%市售豬肉類製品被檢驗出殘留瘦肉精，風險極低。

毒物專家：沙丁胺醇毒性比萊克多巴胺更強【2012-03新聞】

　　豬隻也抽驗出瘦肉精，而且是國際上完全禁用的瘦肉精「沙丁胺醇」，毒物專家表示，「沙丁胺醇」毒性比「萊克多巴胺」更強，雖然驗出的比例很低，但仍有可能衝擊國內的肉品市場。沙丁胺醇其實是人類的氣喘用藥，可以緩解症狀，但如果拿來做瘦肉精而食用過量，所引起包括心悸、血壓、血糖上升、手發抖等副作用會更強。

澳牛也淪陷？　驗出「齊帕特羅」0.8 ppb【2012-03新聞】

抽驗賣場牛肉，結果發現澳洲牛含有比萊克多巴胺，毒性強 15 倍的瘦肉精「齊帕特羅」0.8 ppb，進口肉商懷疑，澳洲本來就禁用瘦肉精，加上澳洲牛都是放牧，不需要瘦肉精控制脂肪含量，懷疑是遭到汙染，或是有業者以美國牛混充紐澳牛肉進口。

瘦肉精俗稱「受體素」，是一種人工合成的腎上腺興奮劑，市面上有 20 多種，常見的有 7 種，包括培林（Ractopamine）或稱萊克多巴胺、克倫特羅（Clenbuterol）、鹽酸克倫特羅、鹽酸雙氯醇胺、克喘素、氨哮素、氨必妥、氨雙氯喘通、氨雙氯醇胺等等，其中培林毒性最低。與其他類似興奮劑一樣，人體如果吸收的話，會產生諸多症狀，甚至誘發癌症。常見的兩種：培林和克倫特羅的結構見於下圖。這些化學結構都是屬於胺類，有的還含有氯。瘦肉精原本用於治療人類氣喘，後來發現加在飼料裡讓豬、牛等動物長期食用，可促進肌肉生長，加速脂肪轉化與分解，讓動物的體型變得更健美，瘦肉會變得更多，而肥肉變少，可減少飼料使用及縮短上市日期。

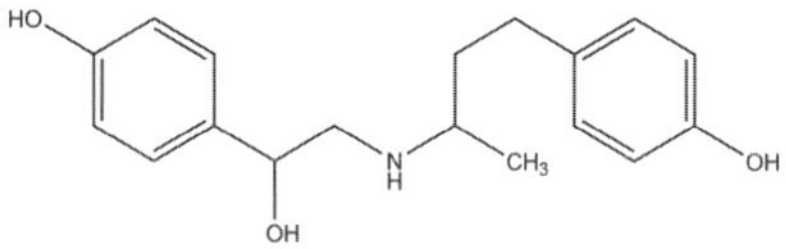

培林或稱萊克多巴胺

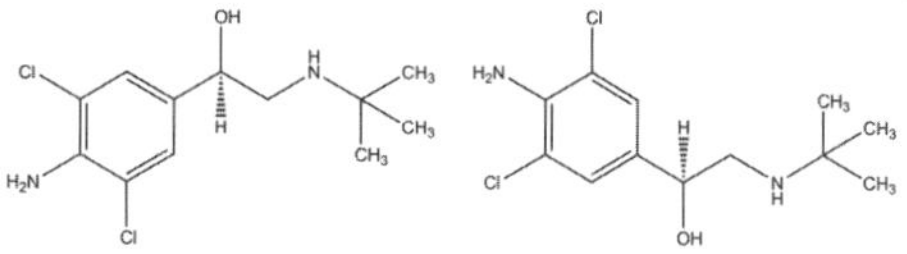

克倫特羅

最近是否解禁美國有殘留瘦肉精的牛肉進口到臺灣，再度吵得沸沸揚揚，引發大家對瘦肉精的疑慮，國內解禁美國有殘留瘦肉精的牛肉進口到

臺灣，引發大家對瘦肉精的疑慮，一般的老饕都認為美國用穀物飼料餵養牛隻，所以美國牛肉的風味口感比較好；不像澳洲牛肉是因為放牧直接吃草的，所以牛肉較沒有 Q 感，而且有草腥味。雖然目前全球有二十幾個國家，允許培林添加在飼料中，也訂有殘餘標準，美國的殘餘標準是 50 ppb（ppb 代表十億分之一），日本為 10 ppb，但臺灣、中國和歐盟，至今仍未解禁。

目前對殘留瘦肉精的美國牛肉正反兩邊的意見都有，贊成的人認為動物吃進瘦肉精一天之後，大約有九成的瘦肉精就會排出其體外，況且研究指出培林的毒性低，人體就算吸收超過 200 ppb，也不一定會中毒；反對的意見則是認為，國人愛吃動物內臟，而內臟的瘦肉精殘留量又往往是肉品的五至十倍，吃進瘦肉精恐提高心血管疾病患者的心律不整、血壓因而升高的風險，況且風險低不代表零風險，現今歐盟仍禁止殘留瘦肉精的美國牛肉進口。因此，瘦肉精是否對人體有害，仍是相當爭議的話題，不過話說回來，食物千百種，如有健康疑慮的話，最好還是明哲保身，儘量不吃也罷！

主題九　令人亢奮的「咖啡因」

阿明最愛喝咖啡，一天可以喝個兩三杯，小庭吵著說她也要喝，阿明告訴她說：「這是大人喝的，小孩子不可以喝！」小庭嚷嚷著：「那我喝可樂好了。」阿明說：「那萬萬不可，因為可樂和咖啡一樣，都含咖啡因，會讓妳晚上睡不著覺。」小潘潘接著補充說：「可樂裡面也有磷酸，會影響鈣質吸收，會讓妳長不高喔，爸爸就是小時候喝太多可樂，所以長得沒有很高。」阿明辯解說：「怎麼扯到我身上，我那年代小時候哪有錢喝可樂？」

咖啡因含量評比　可樂是大黑馬【2011-12新聞】

　　不可不知的食物迷思，哪種飲料最提神？比較紅茶、綠茶、咖啡的咖啡因含量，發現同樣是 8 盎司的份量，綠茶只有 30 毫克的咖啡因，紅茶 50 毫克、咖啡 150 毫克。而令人想不到的是，可樂的咖啡因含量驚人。光是 1 個鋁罐可樂就比 2 杯咖啡、6 小杯義式濃縮咖啡或 30 條巧克力棒的咖啡因還多。

天天 4 杯咖啡　糖尿病風險降【2012-02新聞】

　　新研究指出，經常飲用咖啡可能足以降低糖尿病 30% 的風險，無論是含咖啡因咖啡或低咖啡因咖啡。相較於偶而喝咖啡或都不喝咖啡者，每天 4 到 5 杯適度飲用咖啡，可以降低罹患第二型糖尿病的風險。

　　東方人習慣喝茶，西方人則習慣喝咖啡，近年來社會風氣愈來愈開放，新聞報導也愈來愈八卦，大家沒事就喝杯咖啡聊「是非」，據說約一千年以前，有一位伊索匹亞的宗教人士看到有一隻山羊吃一種樹的果子之後，神情奕奕，活潑亂跳的，他自己為了打坐時不要打瞌睡，於是也試試這果子，果然讓他精神百倍。咖啡的種植大概在西元九世紀，在十七世紀才開始傳入英國。

　　在我們一般喝的飲料裡可能都含有咖啡因，如咖啡、茶、可樂，甚至是大家喜歡吃的巧克力，但是巧克力的咖啡因比較低。通常一杯 150 毫升的咖啡含有 50～125 毫克的咖啡因，同量的茶的咖啡因含量稍低，約為 50 毫克左右，孕婦不宜喝咖啡，因為胎兒沒有分解咖啡因的酵素。一個成人一天最好有不要喝超過 300 毫克的咖啡因，換句話說，一天喝超過三杯咖啡，就會太「over」。據此新聞報導，可樂含的咖啡因不低，一般要求可樂要達到每公升含 200 毫克的咖啡因，小孩子確實不宜喝可樂。市面

上有很多提神的飲料，裡面含有不等量的咖啡因，因此飲用前應該注意其咖啡因含量。

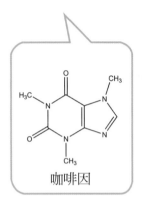
咖啡因

可樂

咖啡

茶

　　大家都熟知咖啡因可以提神，為什麼咖啡因有此神效？咖啡因是一種輕微中樞神經的興奮劑，它會刺激腦部分泌更多的多巴胺（dopamine），這是腦內具有興奮效果的荷爾蒙，因此咖啡因會增加心臟的收縮，而冠狀動脈的血管會擴張而有提神的效果。最新的研究指出，一天喝四杯咖啡可降低糖尿病的風險，看來胖胖的阿明一天兩三杯咖啡還是不太夠。

　　除了咖啡因以外，可樂成分尚包括碳酸水、糖漿、蔗糖、焦糖以及磷酸，且看以下這則最近有關可樂的新聞報導。

可樂要命！？每天喝 1 千罐才致癌【2012-03新聞】

　　清涼有勁的可樂，是許多人家中常備的飲料，但它獨特焦糖色澤，最近成為眾矢之的。可樂中的焦糖色素中含有的 4-甲基咪唑成分，經實驗會讓動物長出腫瘤，今年二月要求食品藥物管理局下令禁用。而加州在去年初，也已經把 4-甲基咪唑列入致癌毒物名單。

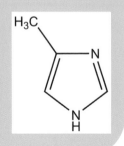

可樂飲料中所用的焦糖色素中含有一種稱為 4-甲基咪唑（4-methyl-imidazole, 4-MI）的致癌物質。製造商為了讓飲料外觀看起來好喝，添加人工焦糖色素，主原料就是亞硫酸銨，它和碳酸混合後，就成為 4-甲基咪唑。因此加州規定可樂中 4-甲基咪唑含量不能超過 29 微克，目前可口可樂與百事可樂中 4-MI 含量在 103 至 153 微克之間。可樂業者雖同步改用新的配方，但仍然強調飲料中的低劑量 4-甲基咪唑不足以引發癌症。美國食品藥物管理局也支持這個說法，並發出聲明，表示一個人一天要喝下超過一千瓶可樂，才可能達到致癌劑量。4-甲基咪唑成分廣泛存在於多種食物跟飲料中，它是一種異環胺，其結構如上頁，它有點像主題四所提的異環胺，只要烹飪加熱達到褐變反應，就會出現，一般人的廚房裡恐怕都有微量的這類物質。美國飲料協會批評加州政府，只根據一份動物實驗報告就做決定，實在太草率。根據世界衛生組織轄下的「國際癌症總署」對致癌物的分類，4-MI 屬 2B 組，與塑化劑 DEHP 和手機同級，也就是動物實驗有充分證據支持其致癌，但在人類流行病學則證據有限或證據不足。含 4-甲基咪唑成分的焦糖色素在目前臺灣所有可樂飲料在產品成分僅標示「焦糖」，顯然資訊並沒有透明清楚地讓消費者知道。

主題十　甜味可以造假的「人工甜味劑」

阿明平常早餐前都有喝咖啡的習慣，他嫌咖啡苦，通常都要加點砂糖，有一次他遍尋砂糖不著，卻看到一罐果寡糖，覺得有點奇怪，便問小潘潘果寡糖是什麼，小潘潘答說：「果寡糖要比砂糖好。」阿明還是不太了，於是想做點醣類的功課。

說到吃早餐，小潘潘最喜歡喝豆漿了，豆漿的好壞逃不過她的味蕾，有一次她喝到很甜的豆漿，直呼怎麼這麼甜，阿明說：「搞不好這豆漿有加人工甜味劑之類的糖精！」小潘潘說：「什麼！糖精？那不是很可怕的東西嗎？下次我們自己買黃豆，回家自己打豆漿比較安心。」阿明於是想

看看還有哪些食品也可能添加糖精。

糖精超標！拜拜供品近 3 成不合格【2011-10新聞】

　　儘管糖精（甜味劑）可用於其他食品如碳酸飲料、瓜子、蜜餞，但依規定不得使用在糕餅類。消保會發現著名廟宇攤商賣的供品，「己二烯酸（防腐劑）」、「環己基磺醯胺酸（甜精）」與「糖精」等食品添加劑均過量。長期食用恐致癌。

蜜餞、醃漬蔬菜、脫水蔬果　2 成不合格【2011-01新聞】

　　抽驗市面上的蜜餞、醃漬蔬菜以及脫水的蔬果，發現有兩成左右不合格，吃多了人工調味劑恐怕肝腎會負荷不了。這次抽驗蜜餞食品、不合格排行榜第一名，甘甜梅添加的人工調味劑，糖精超出標準 15 倍，甜精超出 40 倍。

孕婦攝取「代糖」恐造成新生兒過重【2016-07新聞】

　　代糖又稱甜味劑、甘味劑，原本作為糖的替代品，能夠讓人在大啖甜食的同時避免糖分可能會帶來的高熱量、代謝疾病等問題，但2研究發現，雖然代糖的熱量非常低，但若在懷孕期間攝取，卻很可能使嬰兒出生後出現過重或肥胖的情形。

吃代糖會致癌？國健署：暫無明確證據【2017-12新聞】

　　許多民眾擔心代糖產品不是真的「糖」可能會有致癌疑慮，對此，衛福部國健署最近於保健闢謠專區指出，目前國際上，如美國食品藥物管理局(FDA)在近期的實驗中皆無明確證據顯示代糖與人體致癌之間的關聯性。

沙士含「AK糖」民眾霧煞煞【2018-05新聞】

　　臺北市衛生局針對碳酸飲料展開查驗，其中一件海鹽沙士標示違規，業者將可以合法使用的「甜味劑」，標示為AK糖，這讓民眾看的霧煞煞，被要求重新標示。

要想了解甜味就先需要稍微介紹一下醣類，醣類一般又稱為碳水化合物（carbonhydrates），不要和碳氫化合物搞混了，這是直接從它的英文翻譯過來的，它的化學通式是$[C(H_2O)]_n$，剛好是一個碳和一個水當作一個單元，所以叫作碳水化合物。依其化學結構可分成以下幾種：

(1)單醣（monosaccharides）：如果糖（fructose）、半乳糖（galactose）和葡萄糖（glucose）；在水溶液中果糖是五環狀的分子，半乳糖和葡萄糖則是六環狀的分子。果糖是植物所生產的最主要的醣類，以水果當中的果糖含量最多，在蘋果和蜂蜜當中都含有大量的果糖，果糖味道甘美，是各種天然醣類中甜味最強的，目前坊間加工食品及含糖飲料都是使用玉米糖漿，而玉米糖漿的果糖濃度很高，果糖比葡萄糖和蔗糖都甜，果糖的甜度是蔗糖的 1.5倍。海草中的洋菜則富含半乳糖，動物組織中也含有半乳糖，半乳糖是乳糖的組成成分，母乳和牛奶都含有大量的半乳糖。在生物體內，果糖和半乳糖大多會與蛋白質或脂質結合在一起，比較少單獨存在，人體無法直接利用，必須先在肝臟將之轉換成葡萄糖。相較之下，葡萄糖則可以單獨存在於血液或細胞之中，血液所含的少量葡萄糖，習慣將之稱為「血糖」，葡萄糖不僅是細胞的能量來源，同時也是腦部是否能順利運作，也要靠葡萄糖作為能量來源。如果血液中有過多的葡萄糖，則會先將多餘的葡萄糖轉換成雙醣或多醣，儲存在肌肉組織或肝臟之中。

Q1：乾燥柿子的表面會有一層白色的東西，是不是柿子放太久發霉了？

A1：先前引起熱門話題的「兩塊錢的甜柿」，在乾燥的過程當中，會自動將內部糖分釋放出來，在其乾燥的表面通常都會有一層白粉，這白粉就是果糖，在中醫界稱為「柿霜」。很多人看到這樣的柿子，會以為柿子發霉了，仔細看即可發現該結晶的白色粉末，並不是像黴菌有菌絲，不會毛茸茸的，而是鑽石般的結晶，閃亮亮的，重點是味道還很甜。

常見的單醣結構如下圖所示：

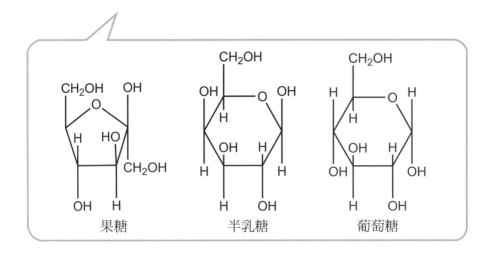

(2)雙醣（disaccharides）：由兩種單醣組合而成的醣類稱為雙醣，如蔗糖（sucrose）、乳糖（lactose）和麥芽糖（maltose）。蔗糖是由果糖和葡萄糖，乳糖則是由半乳糖和葡萄糖，麥芽糖則由兩個葡萄糖連結起來的。蔗糖就是我們日常生活中所使用的砂糖，

一般攝取的蔗糖是要到小腸之後，經蔗糖酶的酵素加以水解之後就變成一個果糖和一個葡萄糖。大半的麥芽糖是由澱粉發酵得來的。無法消化在牛奶中乳糖的人，因為無法利用人體的酵素將其分解或吸收，反而是生成氫氣或二氧化碳等副產物，會造成腸胃不適。母乳中約含 7% 的乳糖，而牛奶則含 5%，乳糖的甜度只有蔗糖的六分之一而已。無論是哪一種雙醣，人體的腸道都無法直接吸收，都是要等到小腸之後，才會被酵素分解成單醣。雙醣如蔗糖和乳糖的結構如下頁圖所示：

CH₂OH

CH₂OH

CH₂OH

蔗糖　　　　　　　　　　　乳糖

(3) 寡糖（oligosaccharide）：是由數個（3 至 10 個）單醣結合而成的，寡的意思就是少，在希臘文中「oligo」就是代表少數的意思，寡糖的甜度比單醣低。寡糖一樣無法被人體的消化酵素所分解，所以一下子就直通小腸，這時候寡糖就成為小腸中的益生菌如比菲德氏菌、乳酸菌及納豆菌等的食物，因此，寡糖的好處在於使得小腸中的益生菌數目增加，達到發揮整腸的作用。

(4)多醣類：由許多的碳環所組成的聚合物就是多醣類，常見的有澱粉、纖維素和肝醣，澱粉和纖維素是植物行光合作用所產生的，大約由一百到一千個葡萄糖分子以串連的方式接在一起，而肝醣則是人體肝臟所製造的多醣類，大概是兩萬個葡萄糖分子所組成的。澱粉可以直接為人體所消化，但是卻無法消化纖維素。

Q2： 為何澱粉可以直接為人體所消化，但是卻無法消化纖維素？

A2： 雖然澱粉和纖維素的化學結構很相近，但是它們最大的差異在於葡萄糖分子的鍵結方式，澱粉中的葡萄糖是朝下接起來，稱為「α鍵」，而纖維素的葡萄糖卻是朝上接起來，稱為「β鍵」，可以簡單地用下圖表之。大自然真的很奇妙，小小的這樣一個化學結構的方位不同，卻造就了我們人體的酵素只能切斷分解澱粉，卻對纖維素一點辦法也沒有。

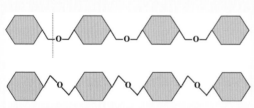

（上圖）澱粉中的葡萄糖是朝下接起來，稱為「α鍵」；（下圖）纖維素中的葡萄糖是朝上接起來，稱為「β鍵」。人體的酵素只能切斷分解澱粉。

Q3： 為何糯米黏黏的，但是一般白米卻沒那麼黏？

A3： 澱粉中的葡萄糖的連結方式有兩種，一種是直鏈式的澱粉，另外一種則是在直鏈中也會有支鏈的情形，此稱為支鏈澱粉。通常糯米非常黏是因為它幾乎含百分之百的支鏈澱粉，而一般的白米有百分之八十是直鏈澱粉，只有百分之二十是支鏈澱粉，

所以沒有糯米那麼黏，但是比較好消化。

Q4： 為什麼現在的飲料和汽水都會添加所謂的「高果糖玉米糖漿」，對人體有沒有危害呢？

A4： 高果糖玉米糖漿（High-Fructose Corn Syrup, HFCS）是利用葡萄糖異構酶將玉米的澱粉（主要成分是葡萄糖）經過異構化的作用，將一部分葡萄糖異構而轉化成果糖，它是由葡萄糖和果糖組成的一種混合糖漿。高果糖糖漿可能有兩個問題需要考慮，第一就是玉米原料，在美國大多會使用基因改造後的玉米當作原料，所以可能會有一些因為基改所造成的安全疑慮；另外因為人體代謝果糖和蔗糖（或葡萄糖）的機制並不相同，以果糖直接取代蔗糖或葡萄糖的話，高果糖糖漿容易導致新陳代謝紊亂，使人罹患心臟病和糖尿病的機率增加，可能造成更多的脂肪肝。

看來阿明胖胖的愛吃糖，話題有點被扯遠了，該介紹代糖了吧！

人工甜味劑（sweeteners）又稱作代糖或是人工甘味劑，代糖其實是經由化學合成的，目前美國食品暨藥物管理局核准使用的代糖有四種：糖精（saccharin）、阿斯巴甜（aspartame）、醋磺內酯鉀（acesulfame potassium）與蔗糖素（sucralose），這些代糖的化學結構如下所示，其他的代糖則還在評估當中。

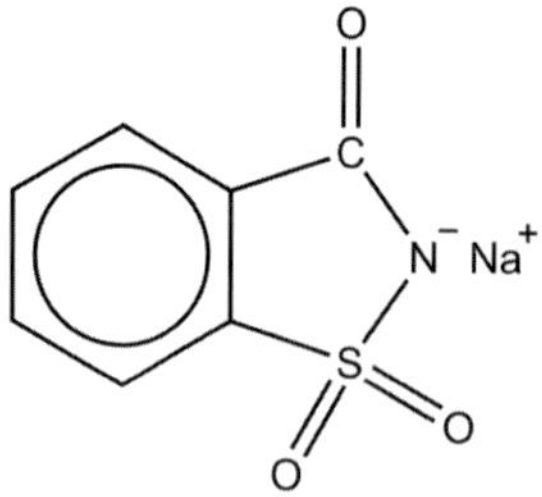

糖精（saccharin）

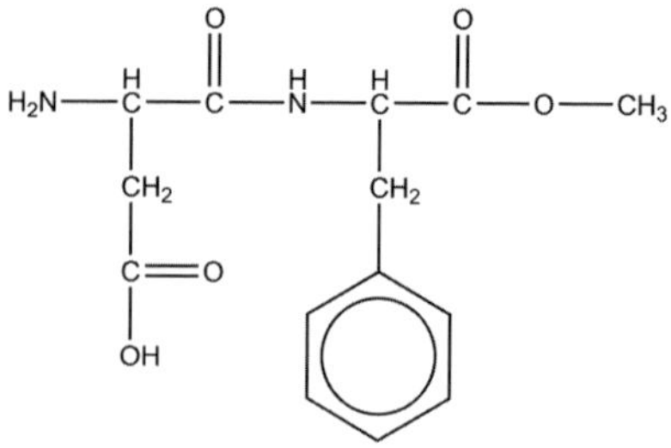

阿斯巴甜（aspartame）

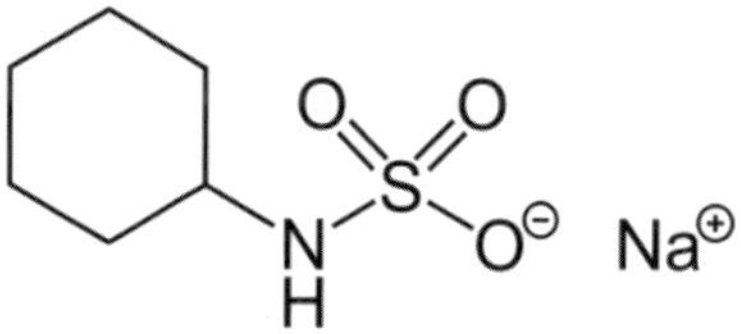

甜精（cyclamate）

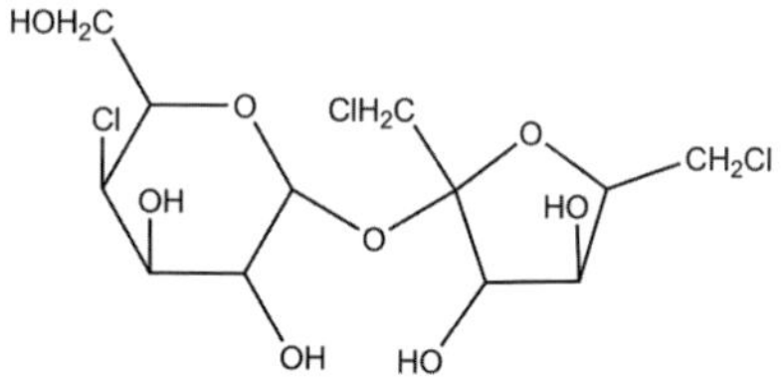

蔗糖素（sucralose）是半乳糖和
果糖的衍生物

　　除了蔗糖素以外，奇妙的是這些代糖的化學結構與上述的醣類並沒有任何關連，而且它們的發現卻是經常瞎貓碰到死老鼠，不小心意外發現的。糖精又稱沙卡林，是美國的約翰霍普金斯大學一位叫法荷伯（Constantin Fahlberg）的研究生於 1879 年偶然發現的，我們常叫學生做完實驗要洗手，他是倫森（Ira Remsen）教授的學生，奉倫森的命令利用甲苯合成一些衍生物，但他就有點懶惰，做完化學實驗後經常不洗手，有一次他做完實驗後尚未洗手就吃起麵包來，竟發現麵包特別甜，這引發他發現有某種甜味分子的直覺，這讓他意外地發現了糖精。法荷伯於是辦理休學，自己申請糖精的專利，當然這引起當時大學和倫森教授的不悅，不過他還是在 1885 年成功地申請到專利。

糖精的甜度是蔗糖的 300 倍，話說如此，但吃了之後，口中會殘留苦苦的金屬餘味。美國的總統老羅斯福就曾讚賞糖精的發現，添加糖精的好處是可以讓糖尿病患者仍然享受甜甜的食物和飲料，卻不會因為它們而攝取過多的糖。但是在 1977 年的老鼠實驗中，發現食用糖精會使老鼠的膀胱癌的機率上升，因此使得加拿大和美國當局禁用糖精，但後續也無法證實它對人致癌性的危險。直至 2000 年美國政府才將糖精從致癌的化學名單中除名，也取消糖精產品上的警告字樣。不過因為它是一種非天然的甜味劑，糖精如長期大量食用則會引起口乾舌燥及腸胃不舒服等症狀，還是少吃為妙。糖精的結構和醣類分子完全不相干，它無法被人體消化，會被直接由尿液排出。注意一下糖精本身的化學結構的架構可看出它本身並不易溶於水，通常做成其鈉鹽就會比較溶於水。糖精的缺點是不耐熱。

環己基磺醯胺酸鹽（cyclamate）又稱甜精，是 1937 年發現的，屬於甜味劑的一種。與當年的糖精發現過程有點類似，也是瞎貓碰到死老鼠，有一位化學家抽煙時，不小心發現的。甜度為蔗糖的 30 倍左右，常與糖精以 10 比 1 混合使用，發現這樣使用，可以改善原本的苦味，甚至甜味會有加乘的效果。因為有動物實驗證明會致癌，所以美國 FDA 於 1970 年之後開始禁用它，但後來的實驗並沒有辦法證實其致癌性。若甜精吃過量，有可能會引起腎小管壞死等傷害。糖精和甜精都夠甜，但會產生另外的餘味，這兩種人工甜味劑會致癌的說法，仍是高爭議的議題。甜精比糖精耐熱，因為結構上有磺酸根，所以可以溶於水。

現在比較常用的是阿斯巴甜（aspartame），它的結構可以看作是兩個胺基酸，它既不是單醣，也不是雙醣，基本上跟醣類分子不相干。是在 1965 年意外發現的，原本化學家要研發具有四個胺基酸組成化合物來治療胃潰瘍，恰巧阿斯巴甜是中間產物。因為阿斯巴甜是由天門冬酸和苯丙胺酸這兩個胺基酸組成的，只是在天門冬酸的酸基上作成甲酯的修飾，神奇的是，天門冬酸幾乎沒有味道，而苯丙胺酸卻有點苦苦的，但兩個胺基

酸湊在一起，或許是負負得正吧，竟然會有甜味。阿斯巴甜可以看作是一個小的蛋白質，所以可以被人體消化，它在消化系統時會被分解成天門冬酸、苯丙胺酸和甲醇，它的甜味約為蔗糖的 180 倍，它和蛋白質一樣，每一公克會產生四卡路里的熱量，但因為它的甜度高，因此所加的量不需要很多。它被懷疑和小孩的過動有關，有一種先天性遺傳疾病叫苯酮尿患者不能吃阿斯巴甜，因為他們的身上缺乏代謝苯丙胺酸的能力，吃了阿斯巴甜會中毒。極少數的人吃了阿斯巴甜會有頭痛和視力模糊的症狀。阿斯巴甜就用在無糖的可樂或口香糖之中。阿斯巴甜的缺點是不耐高溫，在酸性環境下也不穩定，因此對休閒飲料業者和烘焙業者而言，使用上會是一大問題。

　　另一種代糖醋磺內酯鉀可耐高溫，它有時候就直接寫成（acesulfame K，即新聞中所指的AK糖，K 是鉀的元素符號），它的甜度大概是蔗糖的 130～200 倍，常與其他的代糖混合使用在數千種產品之中。雖然在 1998 年獲得美國的核准使用，但因為它的結構很像糖精，因此也受到一些消費團體的反對。

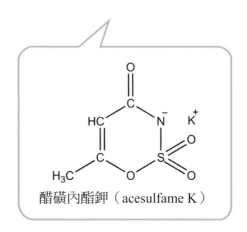

醋磺內酯鉀（acesulfame K）

　　一種真正和蔗糖結構相近的人工甜味劑終於在 1976 年在英國倫敦大學伊莉莎白女王學院誕生了，它的名字叫做蔗糖素，它是半乳糖和果糖的衍生物，它的商標名是 Splenda，在 1999 年核准使用，可耐高溫，對酸也很穩定，也很容易溶於水，它是由蔗糖結構中的三個氫氧基被是三個氯原子取代的雙醣衍生物，它的甜度更高，是蔗糖的六百倍。也不會有苦苦的餘味，它的結構就像是用蔗糖改造的一樣，食用的安全性也通過考驗，因為絕大部分的蔗糖素都會原封不動地被排出體外，所以不會產生熱量。因為非常甜，所以常常和澱粉狀的麥芽糖糊精互相混合以增加體積。

　　不管怎麼說，攝取太多的代糖絕對是不利於健康的，小心還沒吃到它的甜頭，就要承受它所帶來的苦楚。

Q5：現在的口香糖為何都會宣稱不加糖的，而是加木糖醇？

A5： 現在很多口香糖用的是多元醇如山梨醇（sorbitol）和木糖醇（xylitol），它們的結構如下。

山梨醇　　　　　　木糖醇　　　　　　市售口香糖

　　其中山梨醇是經由果醣還原而製得，它是漿果與某些水果天然存在的醣醇類，它的甜度大概只有蔗糖的一半而已。山梨醇有

六個碳，而木糖醇則是五個碳，而每一個碳都有一個氫氧基，這兩種多元醇的好處就是它們在我們的口腔中並不會被分解，所以比較不會造成蛀牙的問題。因為含有許多的氫氧基，所以山梨醇有保持水分的特性，常被應用在加工食品、化妝品和牙膏的保濕安定，但如吃太多山梨醇，則可能因為腸子一下有太多水分而造成腹瀉。

主題十一 酸甜苦辣之後的人間第五味：「鮮味的味精」

阿明想起以前到美國留學時，要自己打點三餐，當他要大展身手時，他的室友美國人 John 聞香出來廚房看看，阿明記得以前媽媽作菜都要加味精，他想說如法泡製，這時只聽到 John 大叫說：「That's "MSG". It is toxic！」雖說阿明剛到美國英文很破，還好聽得懂，不過他這時才知道 MSG 就是味精！究竟味精有沒有毒呢？實在令阿明很困惑，因為有以下這則新聞報導：

吃味素身體不適？　節目實驗破迷思【2011-11新聞】

不少人在做菜，或是外出用餐時，都會儘量避免添加味素，因為擔心吃了會頭痛、噁心等，但這些症狀，真的是味素造成的嗎？實驗中不知情的參與民眾，被分坐在餐廳兩側，左方吃的，是添加味素的料理，右邊吃的菜色一模一樣，只差不含味素。受測者此時都還被矇在鼓裡，但有些人，卻宣稱開始出現，食用味素後產生的典型症狀。明明沒吃味素，身體卻不舒服，顯然味素並非兇手。

味精（Monosodium glutamate, MSG）又稱味素，最先是由日本化學

家於 1908 年從昆布分離出來的，日本人稱之為味之素，西方人俗稱這種味精調味劑為 MSG。味精可以增加食物的新鮮風味，是中國和日本食物中常用的調味劑。它的化學結構為麩胺酸鈉，結構式如下。麩胺酸鈉是麩

HOOC—CH₂—CH₂—CH—C—O⁻ Na⁺
　　　　　　　　　NH₂

麩胺酸鈉

味精

胺酸的一種鹽類，麩胺酸是構成蛋白質最常見的胺基酸之一，分子如有麩胺酸基的話，便可以增強風味，例如蕃茄和磨菇都是豐富自由麩胺酸基的來源，加入少量就可以加強菜餚的味道。味精和代糖不一樣，因為味精並不是化學合成出來的產物，它其實在很多的天然食品中都有。但是有人會對味精特別敏感，吃完味精添加食物後，會有頭痛、口渴、心悸、頸部發麻和頭昏眼花等症狀。西方人稱為中國餐廳症候群（Chinese restaurant syndrome）。有些食品會宣稱含有水解蔬菜蛋白質，其實指的就是味精。

　　味精是否有益健康，一直是人們爭論的話題。雖然進行過很多的研究，但是研究的成果卻是相當混亂的，頗令人無所適從。其實味精只要適量食用就是安全的，而且在營養和保健方面對人體健康有益，關鍵在於如何合理地食用。麩胺酸其實是構成人體蛋白質的 20 種胺基酸之一，但味精中含鈉，過多攝入可能導致高血壓。如果是氣喘和過敏患者，可能因為吃下太多的味精而可能引發氣喘、流鼻水和打噴嚏等症狀。當食用味精過多，超過代謝能力時，甚至會導致麩胺酸與血液中的鋅結合，生成不能被

利用的麩胺酸鋅被排出體外，導致人體缺鋅，而鋅是嬰幼兒身體和智力發育的重要營養素，我們將在第十課介紹鋅在人體成長所扮演的角色，因此，嬰幼兒和正在哺乳期的母親應禁食或少食味精。WHO 規定 1 歲以下的兒童食品禁用味精，我國則規定 12 歲以下的兒童食品不得添加味精。

主題十二　蔬果的「農藥」殘留

超商蔬果驗出農藥殘留　合法卻有健康疑慮【2012-02新聞】

抽查大連鎖超商的 58 項新鮮蔬果檢驗結果，發現許多劇毒農藥，販售的韭菜，驗出可能影響生殖系統的農藥貝芬替含量超標達 2.7 倍。此外，如韭菜與芥菜樣本中，驗出農委會公告為「劇毒」的農藥加保扶與歐殺滅；也驗出不得使用於葉菜類的新殺蟎與得克利。質疑即使殘留農藥未超過容許量標準，多種農藥混合後所產生的「雞尾酒效應」危害人體健康，風險恐超過單一農藥中毒。

茶葉的農藥殘留問題【2015-04新聞】

近來知名茶飲連鎖店接連爆出食安問題，引發消費者恐慌，但如何喝茶喝得安心又健康，變成生活一大課題。食藥署將茶葉的芬普尼農藥檢出限量由0.005ppm修正為0.002ppm。

雞蛋殘留超標榮登排行榜【2017新聞】

2017年度戴奧辛毒雞蛋事件與雞蛋檢出芬普尼含量超標，是網友熱議的十大食安事件，由於雞蛋幾乎是國人每天都會食用的食材，當2017年4月在雞蛋中驗出戴奧辛後，立刻引起民眾極大的恐慌。雖然雞蛋中檢出芬普尼含量超標源於歐洲，但隨著歐洲與亞洲多個國家先後從雞蛋中檢出芬普尼含量超標後，臺灣也跟著陷入每天都有雞蛋被檢出芬普尼」的焦慮之中。

　　農藥的種類很多，最主要有三大類：胺基化合物、有機磷化合物和有機氯化合物。在農業和居家所使用的殺蟲劑中，有很多都是胺基化合物和有機磷化合物這兩大類。胺基化合物和有機磷化合物這兩種能迅速分解成水溶性的物質，所以它們發揮作用的時間不會太久，不過它們對昆蟲和動物的立即毒性仍是不可輕忽的議題。例如蜜蜂有採蜜授粉的功能，但蜜蜂晚上不會採蜜，所以噴灑農藥最好是在晚上，這樣等到白天蜜蜂來時，這些農藥已經喪失它原有的毒性了。常聽到的貝芬替是殺菌劑，美國環保署列為致癌物，會讓睪丸萎縮、肝功能異常，以及出現傷害骨髓、引發貧血等人體傷害。另外一些農藥如恩氟沙星、護矽得、陶斯松（毒絲本），亞滅培、大滅松、賽滅寧、百滅寧、腐絕、福多寧、菲克利等多數是神經毒，長期吃會引發神經反應錯誤、身體機能受損，包含出現肌肉運作不協調、眼睛視線範圍變小等。有機氯化合物最典型的例子是 DDT，我們將在第八課介紹它。其他如菲克利、亞滅培、益達胺、達滅芬等這些都同時含有氯和胺基的化合物。

　　以下列舉一些農藥的化學結構：

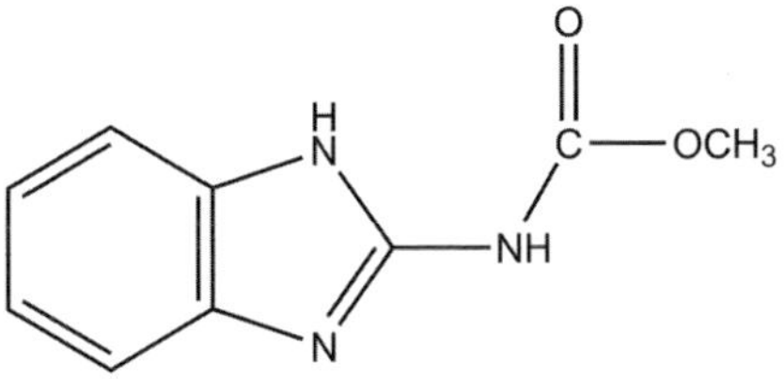

貝芬替，胺基化合物

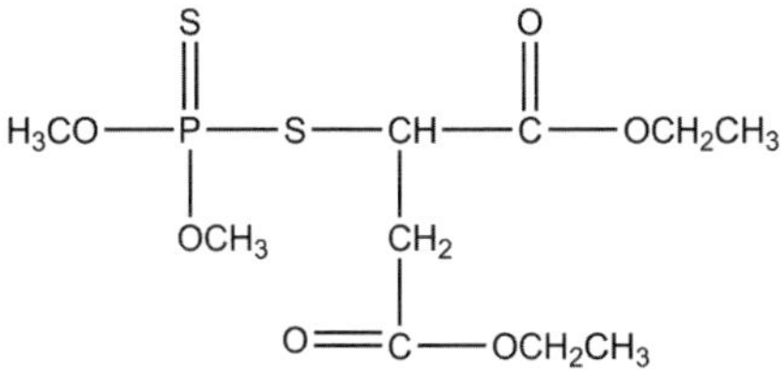

馬拉松，有機磷化合物

益達胺，有機氯化合物

　　消費者購買茶葉的相關產品時，一方面要選擇有信譽的商家，最好能搭配認明相關機關所核發的認證標章。另外，由於一般農藥多為水溶性，易受高溫破壞，建議使用80℃以上的熱水沖泡，並將第一泡的茶水先倒掉不喝，應該就可以避免將殘留農藥喝下肚了。

第八課　「氯」巨人

主題一　將你一軍的毒醬油

　　阿豆喜歡吃水餃，但是每次都將水餃整個浸泡在醬油裡，阿庭就罵他說：「那樣會太鹹啦！」，阿豆好像有聽沒有懂，還是我行我素，小潘潘就說：「最近好像有一些醬油的負面新聞，阿明你去查一查，阿豆你還是少沾一點醬油好了。」阿明：「老婆大人遵命！我趕快來研究一下。」

> ### 毒醬油少沾一點【2013-05新聞】
>
> 　　根據調查報告，證據顯示，在專門賣給夜市攤商的專用醬油裡，檢驗出單氯丙二醇及甲基咪唑兩種化學物質，都是來自廉價醬油的一些品牌。
>
>
> 單氯丙二醇

　　單氯丙二醇（3-monochloro-1, 2-propandiol, 3-MCPD，其結構如上）及甲基咪唑此兩種化學物質都是屬於醬油加工過程中自然所產生的衍生物，並非人為惡意添加，凡是以速釀法或混合法所製成之醬油，即所謂的化學醬油，因為製程中會使用鹽酸（HCl，含有氯）水解黃豆蛋白，在醬油製造、烹煮及其他加工過程如油炸烘烤，就會產生單氯丙二醇，單氯丙二醇屬於具基因致癌性的有毒物質。目前衛生署訂有「醬油類單氯丙二醇

衛生標準」，規定醬油類中的單氯丙二醇含量應在0.4 ppm以內。至於甲基咪唑（4-MI），見於第七課主題九，它屬於焦糖色素製程中所產生的衍生物，初步懷疑可能業者為了使醬油增色，在加熱過程中而自然產生的物質。動物試驗顯示一公斤重的大鼠在每天服用一毫克的單氯丙二醇時，可能會使得精子數目減少及活動減弱，進而導致生殖力降低；另外單氯丙二醇也會傷害大鼠的腎臟及中樞神經系統。

主題二　　提防「小氯氯」

汙染一波波　憂地下水源全淪陷【2011-07新聞】

　　自來水公司管理所轄的深水井，有二十六處遭封井，其中十一處竟驗出有致癌的三氯乙烯、氯仿、一溴二氯甲烷物質，擔心地下水源是否已全面淪陷？

研究結果塑化大廠長期排放空汙　增罹癌風險【2011-09新聞】

　　研究發現，平時受塑化製程中的揮發性有機物汙染的地區或學校，這些揮發性有機物包括乙烯、丙烯、1,3-丁二烯、丙烯、氯乙烯、1,2-二氯乙烷與苯，且有濃度較高的氣態多環芳香烴，會增加該地區居民的罹癌風險。

RCA事件【2015-04新聞】

　　1994年，RCA桃園廠被舉發長期挖井傾倒有機溶劑等有毒廢料，導致廠區之土壤及地下水遭受二氯乙烷、二氯乙烯、四氯乙烯、三氯乙烷、三氯乙烯等當時電子業常使用的具有揮發性之含氯有機化合物嚴重汙染。

　　生活中最不可或缺的就是飲用水，所以水質一直為人們所重視，我們的自來水和游泳池都是用氯氣消毒。但由於臺灣工商業發達，導致自來水

的水源受工業廢水和都市汙水等的汙染日益嚴重，使得需要增加原水的氯量，導致三鹵甲烷等可能致癌物生成，因此變成一個不可忽視的問題。氯仿（chloroform）是三鹵甲烷的代表人物，可作為溶劑和麻醉劑，現已不作為麻醉劑，因為使人麻醉的劑量可能會致命，我們在第一課已經詳述它的生成經過。一溴二氯甲烷（$CHBrCl_2$）也和氯仿一樣，都是屬於三鹵甲烷，與氯仿唯一的差別在於氯仿的其中一個氯原子被另一個鹵素溴原子所取代。當甲烷的四個氫原子都被氯原子所取代時，就變成了所謂的四氯化碳（carbon tetrachloride, CCl_4），它可作為衣服乾洗的溶劑，也可作為滅火器使用，但現在都不再這樣使用了，因為會導致肝臟嚴重受損。如果和水一起使用作為滅火，則可能因為在高溫下，四氯化碳會和水反應變成phosgene（$COCl_2$），這是第一次世界大戰所使用的毒氣。

運動場上的競賽何其激烈，常見運動員喊暫停，隨後的醫生幫他勘察傷勢，通常醫生拿了一罐東西噴了幾下，到底那罐裡藏的是什麼藥呢？謎題揭曉，它就是氯乙烷（CH_3CH_2Cl），沸點只有 13 度，它很容易揮發，而使皮膚表面的溫度下降、知覺減退，這樣就可以減緩運動傷害所引起的鎮痛，並達到部分麻醉的獨特作用。

臺灣最大工殤應該非RCA事件莫屬了，RCA是美國無線電公司（Radio Company of America）的簡稱，曾是美國家電的第一品牌，生產電視機、映像管、錄放影機、音響等產品。1970年至1992年期間，RCA在臺灣設立子公司。1994年當時的立委趙少康召開記者會，舉發RCA桃園廠長期直接挖井傾倒有機溶劑等有毒廢料，導致廠區附近的土壤及地下水遭受嚴重汙染。經過檢驗，主要之汙染物為四氯乙烯、三氯乙烯、二氯乙烯等，當時電子業常使用的具有揮發性之含氯有機化合物。三氯乙烯是電子加工廠常常用到的電路板清洗劑，用於清除產品表面的油汙。三氯乙烯可透過吸入和經皮膚吸收，麻醉中樞神經系統，也可引起肝、腎、心臟及神經的損害。

氯乙烯是塑膠 PVC 所使用的單體，吸入高濃度會意識喪失或死亡，是確定的致癌物質，尤其是肝癌，它與腦、肺、血液和淋巴系統的癌症也有關聯，我們已經在第六課探討過這個問題。三氯乙烯是乾洗的過程所使用的溶劑，另一種為毒性較高的四氯乙烯，它是列管的毒性化學物質，兩者皆對人體危害至深。曾於 2005 年 11 月有一則新聞報導：「法國一名兩歲男童，因吸收殘留在乾洗衣物上釋放出來的化學氣味，以致在睡夢中窒息死亡。」後來發現令男童喪命的化學氣味，是由乾洗溶劑四氯乙烯所釋放出來，若四氯乙烯氣體濃度太高，更會嚴重影響呼吸系統，它會對肝臟造成傷害，有致癌的疑慮。死者應患有哮喘或其他呼吸道疾病，同時在晚上抱著殘留四氯乙烯的棉被或衣物，以致病發身亡的。

主題三　英雄變狗熊的臭氧層殺手：「CFCs」

現在的洗衣機功能很多，通常一個按鍵就可以把衣物洗的清潔溜溜，小潘潘最近買了一台新的洗衣機，看了一下面板的功能，發現有一個臭氧消毒的功能，於是就問阿明：「臭氧是什麼？跟氧一樣嗎？會有殺菌消毒的功能嗎？」阿明回答說：「臭氧當然跟氧不一樣，如果兩個圈圈代表一個氧的話，那臭氧就是三個圈圈，這樣懂了嗎？臭氧是可以殺菌，但是我不知道這洗衣機的臭氧是從哪裡冒出來的。」

空氣汙染　危害人體健康【2012-01新聞】

嚴重的人為空氣汙染容易危害到人體健康，空氣品質好壞的指標包括懸浮粒子、二氧化硫、二氧化氮、臭氧濃度等，對一些有過敏體質或氣喘毛病的患者，會誘發包括打噴嚏、咳嗽、流鼻水、過敏反應、眼睛紅癢、鼻竇炎等症狀。

南極臭氧破洞 衝擊南半球降雨【2011-04新聞】

南極上空的臭氧層破洞，是導致南半球氣候變遷的重要因素。南極臭氧層破洞於 1980 年代發現，是因為大量使用含有氟氯碳化合物的人工噴霧器所造成。

臭氧（Ozone, O_3）最先是在 1840 年由德國化學家申拜恩（Christian Friedrich Schoenbein）發現的。在古希臘時代人們就已經發現閃電雷雨之後，會伴隨一種奇特的味道，這其實是因為空氣中的臭氧含量提高的緣故。它是一種藍色刺激性的氣體，它是由三個氧原子所構成的，不像空氣中的氧氣是兩個氧原子構成的，臭氧是很強的氧化劑，可以用來殺菌，美國食品暨藥物管理局於 2001 年核准使用臭氧來殺菌。臭氧算是一刀的兩面刃，在地表的天空時，如果空氣煙霧瀰漫，臭氧就是其中一個幫兇，它算是有害的汙染物，可經由汽車引擎所排出的廢氣中的氧原子，再與空氣中的氧氣反應便生成臭氧，吸入臭氧會造成頭痛、呼吸困難、導致肺炎等問題。但是在大氣層臭氧層的臭氧卻可以吸收太陽光大部分的紫外線，屏蔽我們不受紫外線輻射的傷害。

既然臭氧可以殺菌，為什麼我們是用氯氣來消毒自來水，而不用臭氧？這是因為當水送到用戶之前，臭氧就已經跑光了，因此無法有效的殺菌，但其實在 1893 年荷蘭就設立了第一座的臭氧殺菌水廠。不過用臭氧來消毒瓶裝水倒是一個不錯的方法，只要保持瓶子的密封，就能夠將其保持在無菌的狀態。水族館、漁業養殖場和釣蝦場都比較會使用臭氧消毒水質，因為臭氧產生器安裝方便，而且只要經過活性碳的過濾器，就可以移除臭氧。

講完了地表的臭氧，再來看看大氣層高空的臭氧層為什麼會破一個大洞，其實並不是大氣層破一個大洞，而是在那區域的臭氧的濃度比較稀

薄，之所以會這樣，還是要怪人類廣泛使用氟氯碳化合物（Chlorofluoro-carbons, CFCs）的緣故，氟氯碳化合物顧名思義就是含氟和氯的化合物統稱，它們被大量使用於噴霧劑和冷媒。CFCs 在地表上很穩定，但是如果漂到大氣層的平流層之後，就會開始作怪，因為它們光分解之後的產物會與臭氧反應，使得這些臭氧變成一般的氧氣，而一般的氧氣沒有吸收紫外線的能力。

CFCs 是 1928 年美國通用汽車公司的米奇利（Thomas Midgleym）所合成出來，它並非是一個單一的分子，而是一群類似化合物的總稱，在美國的商標名為氟利昂（Freon）。米奇利在獲得代表美國化學界最高榮譽的 Perkin 獎章的現場，他的得獎是因為他發現四乙基鉛（$Pb(C_2H_5)_4$）可以加在汽油防止引擎的爆震。但是他為了能推展氟利昂在冰箱上當冷媒使用，當場表演吸入一口氟利昂，果真後來大家開始使用這類的氣體。

CFCs 這類化合物剛開始是令人相當驚豔的，因為它們具有難以熱分解、不易燃燒、不會腐蝕、毒性低、溶解力佳及不導電等性質。最常見的用途是在清潔，可以清洗油垢。另外一種常見的用途是用作冷媒，可以用來冷卻冰箱或空調的氣體。但是因為人類工業上使用了許多的冷凍劑，在 1975 年美國化學家羅蘭（Frank Sherwood Rowland）和莫林納（Mario J. Molina）就提出警告，表示這些冷凍劑氟氯碳化合物會破壞臭氧層，後來南極的上空的臭氧層真的出現了破洞。後來的研究紛紛證明他們的論點，因此他們後來也得到諾貝爾獎。不久之後，氟氯碳化合物就被禁用，昔日的英雄，現在卻變成過街的老鼠人人喊打。先前的四乙基鉛在汽油的角色也是碰到同樣的下場，真是令人不勝唏噓。後來的研究更進一步指出原來 CFCs 會分解出來氯原子，如我們第一課所說的氯原子是一種自由基，它會導致臭氧產生一連串的反應，最後變成氧氣，氧氣是無法吸收紫外線的。自 196 個國家簽署 1989 年生效的蒙特婁保護臭氧層議定書後，全球大部分地區已經停產氟氯碳化合物。既然知道元兇是 CFCs 所解離出

來的氯原子，所以後來所改進的冷凍劑就將氯換成氫，所以就變成氫氟碳化合物（Hydrofluorocarbons, HFCs），譬如使用於環保冰箱的 HFC-134a（CH_2FCF_3）。

您需要哪一種「漂白水」？

小庭不小心得了腸病毒，小潘潘趕緊拿起漂白水，把全家都擦拭過一遍大大的消毒一番，阿明心想漂白水含有氯，會不會對有氣喘的阿豆有一些不好的影響？趕緊來研究一下。

年節掃除慎選清潔劑　以免氯氣中毒【2012-01新聞】
環保署提醒民眾，避免混用不同種類的清潔劑，如含鹽酸成分的清潔劑應避免和漂白水、熱水混合交雜使用，否則容易引發氯氣中毒。

您在洗滌衣服時可曾注意過所使用的漂白水？漂白水分成氯系和氧系兩大類，有什麼不同？基本上，氯系漂白水的成分是次氯酸鈉（NaClO），它的漂白效果好，價格便宜，但它的漂白效果和殺菌的效果很強，有點嗆鼻味，次氯酸鈉只要很低的劑量就可以消除水中的細菌，而且無菌的狀態可以維持一段很長的時間，比起其他的氧系漂白水效果要好，所以非常適合用來消毒廚具、衣物、水槽和廁所，而市面上出現一些強效型的漂

漂白水

白水，則只是在裡面多加了一點界面活性劑（第五課提過），使得它的清潔效果更好。漂白粉則是利用氫氧化鈣與氯氣作用所產生的次氯酸鈣（$Ca(ClO)_2$），它的好處在於運送方便。次氯酸鈉的漂白水比較無法長久

保存，因為它會慢慢分解成沒有活性的氯酸鈉（$NaClO_3$），你看吧！差一個字就差很大囉！陽光也會加速這樣的過程，所以漂白水通常裝在不透明的容器裡販售。

其實雖然漂白水含氯，但是這種氯它是和氧綁在一起，並不是自由的氯，是不會像一般的氯氣造成傷害。但是值得擔心的是含氯的漂白水和酸混合使用，尤其是鹽酸，最好也不能和醋一併使用，因為這樣子化學試劑亂混合是會產生致命的氯氣的。鹽酸與次氯酸鈉的漂白水混合，會產生氯氣和水，如果濃度高的話，吸入氯氣於體內就會出現喉嚨刺痛和咳嗽等症狀。英國中央社曾經報導，漂白劑、地毯清潔劑和去汙用品等一般家庭用品可導致兒童罹患哮喘。

Q1：含氯的漂白水不能和鹽酸一起混合使用，那可以和阿摩尼亞一起混合使用嗎？

A1：千萬不可以，雖然含氯的漂白水不會和阿摩尼亞產生有毒的氯氣，但卻會產生另外一種危險物質氯胺（NH_2Cl），它雖然沒有氯氣那麼毒，但是也會讓你痛哭流涕、眼睛刺痛、喉嚨痛、呼吸急促等不舒服的症狀，吸入過量時，可能會引起化學性肺炎。氯胺可以取代氯氣使用於公共飲水的消毒，它的優點是不會像用氯氣會產生三鹵甲烷。

另外一個選擇是氧系漂白水，氧系漂白水是運用雙氧水漂白的原理去還原衣服顏色，雙氧水是過氧化氫（H_2O_2）的俗稱，它比水多一個氧原子，它幾乎可以消滅所有的微生物，因這些氧系清潔劑發生化學反應後的產物就是無害的水，夠環保了吧！因此消基會建議消費者多選用氧系清潔劑比較不會造成環境汙染。不過，氧系漂白水的缺點是價格較氯系貴，而且過氧化氫的性質比較不穩定，如果沒有妥善保存的話，很容易會變質而

分解成水和氧氣。

談到這裡，雖說雙氧水有漂白效果，但如果用到我們所吃的東西或塗上肌膚，那就得小心囉！因為有關雙氧水和二氧化硫的漂白新聞報導，實在是族繁不及備載。阿明就找了以下的相關新聞。

韓國蕃茄煥采面膜　驗出過氧化氫【2011-09新聞】

在臺灣相當具知名度的韓國彩妝品牌，其中的蕃茄煥采面膜被驗出含過氧化氫，對敏感肌膚的民眾來說，恐怕會造成過敏，過氧化氫在臺灣依法不得添加。

「美白」過頭！氧化物傷牙　齒癌恐上身【2011-10新聞】

據報載有民眾天天使用美白筆、美白貼片於牙齒，半年下來，不料裡頭的氧化物成分，讓她牙齦發炎、牙齒琺瑯質脫鈣，差點變成牙周病、齒癌。

過氧化氫又稱雙氧水，是一種強力的氧化劑，有機化合物碰到它也容易被摧毀，可以應用於頭髮和牙齒的漂白上，可以當作漂白劑使用；黑色素是造成黑、棕、淡色髮色的關鍵分子，這類色素的顏色通常來自於碳鏈上的交替的單鍵雙鍵（稱為共軛雙鍵，請見第二課），因為過氧化氫會攻擊雙鍵，會打斷其中的一個雙鍵，一旦黑色素碳鏈上的共軛雙鍵遭到破壞之後，它的顏色便會消失，進而達到漂白的目的。雙氧水與其他漂白劑相較的最大優點是它分解之後的產物是水和氧氣，因此相當符合環保。

過氧化氫通常只能加在染髮劑或是牙齒美白產品裡，加入化妝品是不可以的，直接敷在臉上的面膜就更不用說了。過氧化氫做成的膠膏或貼布非常適合潔白牙齒，這種過氧化氫其實是以尿素的過氧化物的形式存在，通常在使用了十五分鐘之後，過氧化氫就會從牙齒的琺瑯質擴散進入造成牙齒變色的象牙質，經過過氧化氫漂白之後，牙齒便恢復其自然的白色。

最近發現多起食品添加過氧化氫的黑心事件，雙氧水常被食品加工業者添加在豆類加工製品如豆腐、豆乾、干絲、麵腸及麵製品如油麵、烏龍麵，或魚肉煉製品如魚丸、貢丸等，作為殺菌及漂白之用。依食品衛生標準，食品不得檢驗出過氧化氫殘留。由於過氧化氫的沸點高達 152℃，因此即使將食物煮熟煮沸，過氧化氫仍會殘留存在食物中。吃入有過氧化氫殘留的食物可能發生嘔吐、腹脹、腹瀉等不適的症狀。過氧化氫目前是動物的致癌物質，但並不是人體的致癌物質。

二氧化硫用於食品和免洗筷的新聞也是非常多，三不五時就會看到如下的新聞報導：

免洗筷不安全！　消基會：近 5 成檢出二氧化硫【2005-10新聞】

免洗筷用了就丟很方便，但真的安全嗎？免洗筷在製作過程中，為了保持較好的賣相，通常會經過亞硫酸鹽處理，以防止筷子變黃、發黑及發霉。

白木耳含二氧化硫　民眾勿買【2009-01新聞】

消基會針對枸杞，紅棗和白木耳等 36 項樣品做二氧化硫及農藥的檢驗，驗出含有二氧化硫，其中又以白木耳最毒。

反傾銷吊白塊【2011-12新聞】

財政部宣布將對中國進口「甲醛合次硫酸氫鈉」（俗稱吊白塊）課徵臨時反傾銷稅。吊白塊主要用於強力還原劑及漂白劑，由於中國廠商持續壓低價格，目前中國吊白塊進口市占率已超過六成。

二氧化硫（SO_2）是一種漂白劑，它在被氧化的時候能將有色物質還原而呈現強烈的漂白及消毒的作用。二氧化硫其實和臭氧有點像，只是中間的氧原子被它的同家族的硫原子（S）所取代而已，所以也是很臭。除對食品有漂白功能外，二氧化硫亦可作為水果、蔬菜、酒類、肉類、香腸

的防腐劑，因為它可以抑制酵母、霉菌及細菌的生長。中國古代亦有用薰硫來保存及漂白食品，利用燃燒硫磺產生二氧化硫，其作用的機制是利用二氧化硫的還原漂白作用。現今，這一種方法逐步以亞硫酸鹽取代而使用於食品工業上，但這些化學加工後的食品會有一定份量的二氧化硫殘存，由於金針、蝦類加工品或脫水蔬菜、雪耳及杞子等食品，一般來說表層色澤較深，賣相較不討好，若以漂白劑加以處理，則可達到美化其外觀及增加賣相。故此在選購這類食品時，消費者應避免購買色澤較淺、沒有刺激性氣味的乾貨。雖然二氧化硫被美國食品暨藥物管理局訂為「一般認定為安全」的物質，正常的話會在人體演化成無毒的硫酸鹽，會隨著尿液排出體外，但對於有氣喘體質或病史者若食用過量，可能會產生不同程度的過敏反應，誘發氣喘或是呼吸困難。

吊白塊（Rongalit）是工業用的漂白劑，含有亞硫酸（H_2SO_3）和甲醛的成分，化學名為「次硫酸氫鈉甲醛」，換句話說它是次硫酸甲醛鈉（sodium formaldehyde sulfoxylate, $NaCHOCH_2SO_2$）與亞硫酸氫甲醛鈉（sodium formaldehyde bisulfite, $HOCH_2SO_2Na$）的混合物。吊白塊在120℃高溫下可分解產生甲醛、二氧化硫和硫化氫（H_2S）等有害氣體。吊白塊因有亞硫酸的還原作用，所以也可達到漂白的目的，如果被添加於豆乾、米粉、白豆沙等食品，會有相當的甲醛以及亞硫酸鹽殘留在食品中，亞硫酸隨後被氧化為硫酸鹽，影響比較不大，但甲醛如第一課介紹過的，會產生頭痛、眩暈、頭痛、嘔吐、氣喘等症狀，長期食用可能致癌。因此食品上是不應該使用吊白塊作為漂白劑。

Q2：為什麼洗衣機和洗碗機都會加亞硫酸鈉，它可以幫助清潔嗎？

A2：亞硫酸鈉本身並沒有清潔能力，但是它可以防止洗衣機和洗碗機內部的金屬生鏽，水中含有微量的氧氣，這些氧會和機器內部的金屬反應而造成生鏽，這時候亞硫酸鈉就來當替死鬼，它可以和氧反應變成硫酸鈉，因此可以用來防鏽和防腐蝕。

主題五　三人成虎的「三氯沙」

　　小潘潘向阿明說：「我最近剛買了一瓶抗菌的沐浴乳，你幫我看看裡面有沒有一些有毒的成分。」阿明張大眼睛看，因為成分都寫成密密麻麻的小英文字，不過還是被眼尖的阿明發現有「triclosan」的抗菌成分。

牙膏成分三氯沙　恐傷胎兒腦【2010-12新聞】

　　超市販售包括數十種牙膏和洗手乳、洗碗精等抗菌清潔用品，含有三氯沙的抗菌防腐成分，與經過氯消毒的自來水接觸後，會產生氯仿（三氯甲烷）氣體，如果大量吸入人體，可能導致意志消沉、肝病變，甚至致癌。

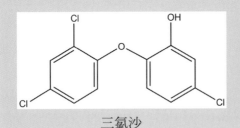

三氯沙

抗菌沐浴乳

　　三氯沙（triclosan）是將近 50 年前開發成功的強力抗菌劑，目前廣泛運用於各種生活用品中，包括牙膏、除臭劑、洗手液及清洗液等。三氯沙經常被添加使用在許多標榜有抗菌、殺菌效果的清潔日用品，其抑菌力相當強，美國環保機構已將三氯沙註冊為殺蟲劑的一種，其結構如上所示，很接近一些高毒性的化學物，例如戴奧辛、氯苯、氯酚，若長期使用可能會導致憂鬱症、肝功能失常，甚至癌症。參照牙膏的規定，三氯沙的限量為 0.3%。但截至目前，並無研究報告顯示，三氯沙確實會危害人體健

康。目前僅有部分報告顯示，不到百分之一的人會對三氯沙過敏，導致皮膚紅腫、發炎等接觸性皮膚炎症狀。動物實驗也發現，三氯沙會造成甲狀腺功能下降，不過，其對人體是否有相同危害？目前各國仍未有定論。三氯沙若與經過氯消毒的自來水接觸後恐會產生氯仿（三氯甲烷）物質，長期使用可能致癌，雖然國內政府機關認為含量尚不足危害人體，所以還未立法管制，但基本上還是少接觸為妙，其他三氯沙的英文名稱包括：Triclosan、Aquasept、Gamophen、Irgasan、Sapoderm、Ster Zac，消費者購買洗碗精或牙膏時可以先確認一下。

主題六　營養午餐的毒素「氯黴素」

營養午餐含禁藥氯黴素【2011-11新聞】

　　消保會抽驗十八家營養午餐供應商，當中驚見一件里肌肉、一件雞排、兩件貢丸含九十一年起禁用的氯黴素。

中國大閘蟹　兩批都含氯黴素【2014-10新聞】

　　檢驗自中國武漢進口的大閘蟹，結果驗出氯黴素0.03 ppm。

　　氯黴素是一種抑菌類抗生素，它因價錢低廉的關係，現時它仍然盛行於一些低收入國家，但在其他西方國家經已甚少使用，氯黴素自民國九十一年起就是禁用的動物用藥，它主要的副作用是會引發骨髓再生不良性貧血、白血病，尤其特殊性體質的人，更容易引發。現在氯黴素的主要用途是用在醫治細菌性結膜炎的眼藥水或藥膏上。曾有人滴用含有氯黴素的眼藥水而引發骨髓再生不良性貧血。幼童是國家未來的主人翁，營養午餐竟驗出氯黴素，危害影響更大，因為孩子還在發育，給孩子吃到氯黴

素，長期使用，會使得造血系統不完整，也會傷及免疫力。

主題七　威力強大的殺蟲劑「DDT」

孕藏危機　汙染物疑為元凶【2011-07新聞】
　　研究顯示暴露在煤煙及殺蟲劑環境中的孕婦，產下嚴重先天缺陷嬰兒的機率高達一般孕婦的 4 倍。這些先天缺陷嬰兒的母親，因吸入煤煙和接觸殺蟲劑，胎盤中含有高濃度的 DDT 的合成殺蟲劑。

DDT

　　DDT 是英文 dichlorodiphenyltrichloroethane 的縮寫，屬於氯化乙烷的衍生物，它總共含有五個氯原子。話說當年穆勒（Paul Hermann Muller）在瑞士的藥廠研製殺蟲劑時，他找到柴德勒（Othmar Zeidler）在 1874 年合成出來的 DDT，柴德勒當時還是個年輕的化學系學生，穆勒發現只要使用很低量的 DDT，便有很好的殺菌效果，但直到 1939 年才由米勒（Paul Miller）發現它的殺蟲效果非常好，在二次世界大戰成功地控制瘧疾及傷寒等傳染病，故 DDT 一度成為世界使用最廣的殺蟲劑。經過一段時間的使用之後，成千上萬的士兵因為 DDT 而獲救，因此後來穆勒在 1948 年得到諾貝爾的生理醫學獎。但後來人們開始發現 DDT 的負面影響，DDT 不溶於水，但是可以溶在脂肪，動物暴露在這些物質下，它們會被送到含有脂肪的組織，雖然會被代謝和排泄，但仍會有一部分留在動物體內。對於食物鏈底層的生物，或許 DDT 不會構成傷害，然而對於食物鏈更上層的生物，卻也因 DDT 有較長的持久性，長期累積下來，造成生物累積和放大的作用，衍生許多生態環境的問題，可能達到致命的程

度。1963 年生態學家卡森（Rachel Carson）出版《寂靜的春天》（Silent Spring），記錄了有關 DDT 造成的事件，她並描述所謂生物累積的效應，當人們噴灑 DDT 於河川或湖泊時，水中的 DDT 濃度其實很低，但這些微量的 DDT 會被水中的微生物攝食並儲存在它們的非極性脂質中，這些微生物被浮游動物吃掉，再被小魚，甚至大魚吃掉，累積到大魚體內的 DDT 濃度可能就是 2 ppm，然後鳥類補食這些魚類，造成鳥類的體內 DDT 濃度已經累積到 25 ppm，在 1960 年代，發現體內含 DDT 的鳥類所下的蛋，會因為蛋殼太脆弱，以致於無法保護發育中的胚胎，使得許多鳥類的繁殖過程受到影響，甚至絕種。另外一個著名的例子是發生在美國佛羅里達州的阿波卡湖，湖內的短吻鱷的生殖器官發生畸形，因此 1970 年起美國和許多國家開始禁用 DDT。

主題八　揮之不去的夢魘「多氯聯苯」

廢油回收當飼料　業者怕到吃素【2011-06新聞】

　　生質柴油業者今天說，國內 2/3 廢食用油被飼料業回收成原料，飼料中恐含有致癌物多氯聯苯，因此許多業者都改吃素。而學者則說，不會產生多氯聯苯，但有可能產生致癌物醛類。

　　多氯聯苯（Polychorinated biphenyls, PCBs）顧名思義就是兩個苯環連在一起，在環上的氫原子有多個被氯原子取代，由於一個苯環可以接 1 到 5 個氯原子，所以排列組合下來，就有數百種的結構（見下圖）。一般而言，氯原子的數目愈多，多氯聯苯的毒性愈強。

聯苯（Biphenyl）　　　　PCB1　　　　PCB2

多氯聯苯的化學穩定性很好，它幾乎不會燃燒、不易被熱分解、不易被氧化、不溶於水、不易導電，又抗強酸強鹼，所以是一種相當穩定又好用的絕緣體。早期的多氯聯苯被廣泛用在電容器和變壓器。但是當這些電子器材廢棄不用之後，就長期存在於我們的生活環境之中，再加上它的強烈持久性，不會被分解，因此長期暴露在這種環境會造成很多毒性反應。

多氯聯苯闖了什麼禍？1968 年日本的福岡市有一千多人中毒，因為他們吃到了被 PCBs 汙染的米糠油所烹煮的食物；而在 1979 年彰化一家米糠油工廠因製程不當，造成多氯聯苯混入食用油中，使得兩千多名消費者中毒。當時這些中毒者皮膚、指甲、眼眶都變黑，呼吸和免疫系統受損、痛風、貧血等，這些症狀被稱為油症，最明顯的就是身體長出「氯痤瘡」的痘子，中毒懷孕的婦女甚至生出「黑嬰兒」，連帶影響下一代的健康狀況。在動物實驗上也已經證實，多氯聯苯會引發肝癌和胃癌，在日本和臺灣的受害者，他們發生某些癌症的比例大為增加。若在體內累積過多的多氯聯苯可能導致神經系統問題，以及引發肝癌與腎癌。

主題九　世紀之毒「戴奧辛」

烤肉不通風　恐吸入戴奧辛【2011-09新聞】

中秋假期，幾乎每個家庭都在瘋烤肉，烤肉一定要注意通風，因為免不了會吸入木炭燃燒不完全，所產生的微量戴奧辛。

戴奧辛 PCDDs

廢爐渣毒鴨恐吃下肚？！【2009-11新聞】

針對高雄地區有養鴨場土地被檢出遭戴奧辛汙染，更傳出有養鴨場遭到汙染，養鴨池內上萬斤的吳郭魚恐怕也遭受汙染。

戴奧辛 PCDFs

　　戴奧辛（Dioxins）是 210 種不同化合物的統稱，包括 75 種多氯二聯苯戴奧辛（Polychlorinated dibenzo-p-dioxins, PCDDs）及 135 種多氯二聯苯呋喃（Polychlorinated dibenzofurans, PCDFs）。這些化合物皆具有氧原子聯結一對苯環類，並與氯結合，是燃燒或製造含氯物質時，產生的無色、無味、毒性很強的脂溶性化學物質，會安定存在於動物脂肪內，代謝不掉，其中以 2,3,7,8-四氯聯苯戴奧辛（2,3,7,8-TCDD）之毒性最強，有「世紀之毒」之稱。很多人類的活動都會產生戴奧辛，如燃燒木頭、化學合成、焚燒含氯的塑膠類製品、汽車排放廢氣、焚化爐、製造殺蟲劑以及在工業上用氯漂白消毒，尤其是我們在燃燒廢棄物更容易產生戴奧辛。戴奧辛並沒有其他實質的用途，只是單純的汙染物。因為戴奧辛的來源很多，所以幾乎與我們如影隨形。

　　戴奧辛具有親脂性，一旦進入人體內，容易積存在脂肪組織中造成毒

害。由於環境中的戴奧辛來源很多，大多數人體內都有或多或少的戴奧辛，但只要攝入量不高，即使是世紀之毒，對健康也不至於有太大的影響，因此並不需要太過於恐慌。世界衛生組織及美國環保署都已經將戴奧辛歸類為可能的人類致癌物，最常見的症狀是氯痤瘡、損害肝臟與免疫系統、影響酵素運作功能、造成消化不良、肌肉或是關節疼痛、男性荷爾蒙減少、易致使孕婦流產或是產下畸胎等。

第九課 動輒得咎的「毒金屬」

　　小庭感冒發高燒，小潘潘趕緊拿溫度計幫她量體溫，阿明就說：「現在這種電子感應的溫度計，真是方便，不像以前都是用水銀做的溫度計，真麻煩，打破了還會擔心汞會跑出來。」小潘潘就不耐煩的說：「什麼水銀、汞的，趕快帶小孩去看醫生！」

以汞煉金【2011-08新聞】

　　最近金價節節翻漲，沒想到有人因為想發財，突發奇想用土法煉金，差一點送命；有民眾以傳說中古老煉金術，將俗稱水銀的汞與黃金加熱，但真金還沒看到，就已經因為吸入過多的汞蒸氣中毒昏過去。

　　汞的特性常溫時是液體，外表看起來像液狀的銀子，所以亦俗稱水銀。它的密度 13.6 g/cm^3，表面張力是水的六倍，可用作氣壓計、電池等。以汞煉金的原理是將含有黃金的礦石和汞混合，汞會將礦石中的黃金揪出來，而會結合在一起形成所謂的金汞齊的合金，因為汞一經加熱後就會揮發，但是揮發的過程產生汞蒸氣，需要小心處理，可以用簡單的蒸餾裝置，就能將汞回收繼續使用，最後只留下黃金。臺灣先前盛產黃金的地方是金山，在金山博物館裡就陳放有這樣的設備。像是汞這種化學物質會釋出劇毒，千萬別為了煉金賠上寶貴性命。汞會影響細胞功能，進入人體，7 成會到大腦，影響中樞神經系統，出現幻聽、幻覺，造成人格異常，若吸入過多的汞蒸氣會傷害肺部，沒有及時治療的話，會造成永久性

肺的發炎，最後就纖維化，永久不可逆的傷害。

聽說偉大的科學家牛頓除了對蘋果樹上的蘋果有興趣以外，也曾經嘗試煉金術，他做實驗記了一些筆記，看得出來當時他在 1692 年有一點汞中毒的徵兆，因為他失眠、沒胃口、妄想症、還有定期發作的憂鬱症，這些都是汞早期的中毒現象。所以連牛頓這麼聰明的人都會誤觸地雷了，更何況是我們一般的老百姓呢！

主題二　　**要命的「銀牙」？**

小庭最近要更換乳牙了，順便給牙醫檢查一下有沒有蛀牙，還好只有小小的蛀牙補一補就好了，只見牙醫拿了一點軟膏，用紫外線照一照，三兩下就清潔溜溜，阿明就感慨說：「妳看爸爸滿口的銀牙，這是以前補的，所以要常刷牙喔！」小庭狐疑的問：「銀牙裡面是什麼東西？」

補牙恐汞中毒？【2011-10新聞】

補顆銀牙，裡頭的汞會補出失聰、補出頭痛，聽在毒物專家耳裡，實在荒唐，因為有研究證實，牙齒裡的汞合金，即使對 6 歲以下的幼童，也不會造成神經系統或腎臟方面的影響。

補蛀牙的銀粉其實就是汞和銀的合金，因為汞是一種不溶於水的金屬，如果已經變成合金，即使吞下去風險也不大。比較有問題的是汞所揮發出來的汞蒸氣。早有文獻證實，銀粉的汞合金，就算對幼童也不會有傷害。雖然日常生活許多地方都會接觸到汞，但要到中毒的狀況，幾乎不可能發生。因多數民眾對汞中毒一知半解，常被江湖郎中唬弄，民眾謹慎但不需矯枉過正。現在多數人會選擇用白白的樹脂補蛀牙。主要還是美觀的關係，所以銀粉現在漸漸被淘汰了。

主題三　救命或要命的仙丹

汞救命？汞害命？中西醫看法分歧【2011-08新聞】

「汞」對人體一定有害嗎？中西醫見解不同，中醫認為汞是所謂的「硃砂」，能治療重症，有安神效果；但西醫卻說汞會影響中樞神經，甚至引起腎衰竭或肺炎。問題是民眾吃藥，如何避免汞中毒，變得無所適從。五寶散的成分就是，硃砂、珍珠、龍膽、雄黃、麝香。衛生署限制汞含量需低於 0.5 ppm。

辰砂或朱砂的塗料即是含汞的無機物。在中國以前秦始皇時代就與汞有密切關係，在中國漢朝史學家司馬遷編著的《史記‧秦始皇本紀》中記述：「葬始皇酈山。始皇初即位，穿治酈山……以水銀為百川、江河、大海，機相灌輸……。」「酈山」位於陝西省臨潼縣城東；在埋葬秦始皇時，在其墓穴裡灌入水銀形成江河，這樣就可以防護秦始皇的屍體不會腐爛。學者認為這裡所描述的汞數量雖然有點誇大，但仍有其可信之處。在1980 年代，中國的考古工作者用儀器探測秦始皇陵墓，發現占地 12,000 平方米的秦始皇葬身處，瀰漫著含有水銀的蒸氣。因此，大家認為《史記》中的記載是正確的。秦始皇在西安的雕像及其墓穴所挖掘出來的兵馬俑如下所示：

秦始皇雕像

西安兵馬俑

人體的皮膚常因過度日晒而形成黑色素，透過化妝品中的美白成分抑制黑色素的生成，氯化亞汞（Hg_2Cl_2）也稱作「甘汞」，常見應用於化妝品中的一種美白成分，它可減少黑色素的形成，而且它的效果非常迅速明顯。除了可以做成標準的甘汞電極外，也是一種輕瀉劑，曾經用來製造藥片，驅除人體寄生蟲，也曾經用在治療梅毒上。不過，因汞是具有毒性之金屬，目前甘汞已經不再使用在醫藥用途上了。衛生署早於 1983 年即已公告化妝品中不得使用汞及其化合物。

主題四　雷聲大作的「雷汞」

阿明有幾個大學同學後來都轉行去當法官和律師了，法官和律師優渥的薪資，每每總讓阿明垂涎三尺，於是他也想去考律師，但是當他看到有那麼多法條要背時，心都涼了一半，不過當他在研讀《刑法》時，他倒是看到有一條法條提到「雷汞」這個名詞，這倒引起他的興趣。

刑法第 186 條：

　　未受允准，而製造、販賣、運輸或持有炸藥、棉花藥、雷汞或其他相類之爆裂物或軍用槍砲、子彈而無正當理由者，處二年以下有期徒刑、拘役或五百元以下罰金。

　　雷汞為 1800 年豪瓦德（Howard）所發明，是將汞溶於硝酸內，加入醇之後，發生反應而生成產物。這種方法也是目前製取雷汞的主要方法。諾貝爾發明用雷汞做的雷管，雷汞是較敏感又猛烈的爆藥，稍微受到碰撞、摩擦或與燃燒體、加熱體互相接觸，即發生爆炸，故用於起爆用藥。它在製備過程和爆炸時放出的氣體都有毒性，故雷汞目前已被更穩定的起爆藥如疊氮化鉛所代替。雷汞的結構如下所示：

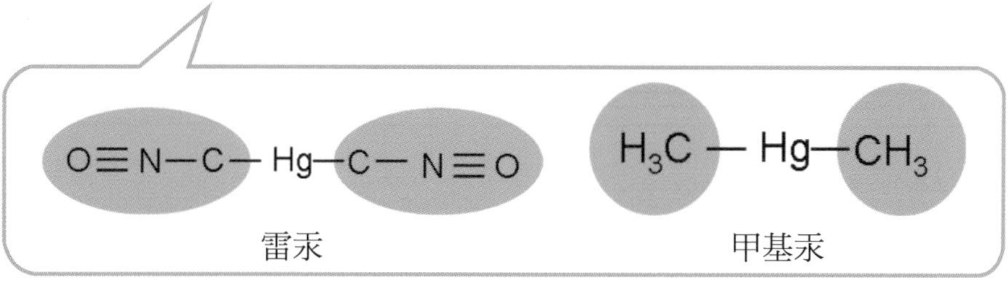

$$O \equiv N - C - Hg - C - N \equiv O \qquad H_3C - Hg - CH_3$$

雷汞　　　　　　　　　　　　甲基汞

主題五　性向不分的「甲基汞」

　　既然豬肉和雞肉常含有抗生素，小潘潘心想那倒不如多吃點魚，聽說吃魚好處多多，又有什麼不飽和脂肪酸的，對心血管很好，但是要吃什麼魚好呢？阿明就說：「我最愛吃臺南名產虱目魚和吳郭魚！」小潘潘回說：「那不好，都是人家養的，可能都是吃糞便長大的，而且還會有點土味。」小庭就說：「我最喜歡鮭魚！」阿明就想雖然有些鮭魚是野生的，

也不見得是安全的，因為現在環境汙染那麼嚴重，動不動就有重金屬，反而危險，看來吃魚就變得只能夠去找木頭了（緣木求魚），最後他想說：「吃秋刀魚和鯖魚好了，便宜又大碗。」小潘潘就說：「那我們還是要有分散風險的概念，每一種魚都吃，而且輪流變換。」

研究：吃含汞海產致神經退化【2011-03新聞】

研究發現，長期食用海產食品中常見的水銀汙染物「甲基汞」，即使微量，仍可能增加神經退化的風險。讓實驗白鼠長期接觸低劑量的「甲基汞」，結果發現，白鼠小腦積聚水銀的含量最高，大腦也積聚了其他型態的水銀。

美味魚翅背後　格「鯊」勿論【2011-06新聞】

報告指出，魚翅雖然含有較高的蛋白質，但卻是屬於纖維蛋白的膠原蛋白，是一種不完全的蛋白，人體無法大量吸收。另外，針對漁獲的鯊魚進行的抽查發現，每10隻魚翅就有8隻含有水銀。

最近調查發現，食物中常見的微量汞，竟然讓雄性美洲白鳥對雌鳥視而不見，只對雄鳥有性趣。這是因為有些鳥類棲息的濕地細菌會把汞轉化成甲基汞，鳥類吃了甲基汞之後就性向不分了。甲基汞主要來自於空氣、海底和流向沿海地區的地表水。近幾年，有不少研究發現部分海洋魚類含有甲基汞的濃度愈來愈高。甲基汞會造成孕婦產出畸形兒，無機汞離子在微生物的作用下，會轉化為甲基汞，其結構如上所示。1950年代日本所爆發的水俁病即是甲基汞中毒，原來日本水俁鎮旁邊的一家化學工廠，利用汞生產乙炔，定期地將汞排入附近的海裡，悲劇從此注定要發生了，想不到水中的微生物會先將不溶於水的汞，轉換成可溶於水的甲基汞，當小魚吃了這些甲基汞之後，後來又被大魚吃，最後在食物鏈頂端的大魚，其體內的甲基汞的累積量可能就高的嚇人，鯊魚作為食物鏈頂端的獵食者，

其體內甲基汞的濃度往往是原先小魚的數千倍到數萬倍，人類貪吃魚翅，恐怕會自食惡果。

主題六　受「鉛」連的羅馬帝國

小庭開始練習拿著鉛筆寫字了，她很好奇的問阿明說：「這鉛筆是不是鉛做成的筆，中間黑黑的筆心是鉛嗎？」阿明回答說：「黑黑的筆心是碳作的，不含鉛，但是筆的外殼鮮豔的色彩可能含有鉛，所以不可以用嘴巴去咬喔！」

小潘潘最近工作壓力大，白頭髮多了好幾根，於是心中湧起染髮的念頭，阿明急忙勸阻她打消這個念頭，阿豆就插嘴說：「為什麼不可以？」阿明就說：「我聽說染髮劑好像含有鉛。」為了說明鉛的毒害，阿明特地找了很多關於鉛的新聞。

美消基會：兒童玩具逾三成含有毒化學物質【2009-12新聞】

美國消費者團體表示，測試美國最受歡迎的近 700 個玩具中，1/3 含有害的化學物質，包括鉛、鎘、砷和汞等成分。

你家有「鉛」金小姐嗎？【2005-11新聞】

鉛對人體的危害甚大，即使是低劑量，鉛也會對神經系統造成傷害：學童血液中的鉛濃度每增加 10 微克／分升，智商便會減少 2～3 點。

本土大閘蟹抽檢　含鉛超標【2010-09新聞】

農業局發布首波九件初步檢驗報告，某地的大閘蟹養殖場的大閘蟹，被驗出重金屬鉛含量達 1.35 ppm，超出規定的 0.5 ppm，已對該養殖戶進行移動管制。

　　鉛（Lead，Pb）是一種暗銀灰色的軟金屬，具延展性。曾有歷史學家認為，古羅馬帝國是受到「鉛」的毒害而滅亡的。這得先從古羅馬人的生活習慣談起，古羅馬人喜歡用鉛製的器皿儲存糖漿和酒，古羅馬的管道設備是鉛做的，婦女喜歡用含鉛的化妝品。他們製作葡萄醬時還要加進鉛丹（即四氧化三鉛），使醬的顏色既好看又沒有酸味，這種醬是他們日常生活中的一種調味品。喝酒喜歡加鉛糖（即醋酸鉛）。日積月累之後，羅馬帝國那些使用鉛較多的貴族普遍發生了鉛中毒。鉛中毒能引起死胎、流產和不育，即使生下的嬰兒成活了，也往往是低能兒。考古學家在發掘古羅馬貴族、王公的墓葬時，發現這些千年古屍的屍骨上常有一些十分奇怪的黑斑。經分析，原來這是沉積於骨骼中的鉛與屍體腐爛時產生的硫化氫（H_2S）生成的硫化鉛（PbS）黑斑。但也有一些學者認為，將一個帝國的衰亡歸結為一種元素的汙染，未免言過其實。鉛是毒性很高的金屬，它會毒害製造紅血球的酵素，鉛中毒會使身體無力及精神失常，鉛會使催化人體中重要反應的生物酶發生中毒而失效，對大腦、腎及肝臟造成難以恢復的損害。

　　傳統染髮劑中的有效成分是醋酸鉛和硫元素，醋酸鉛就是剛剛所說的鉛糖，可以溶於水，當抹上頭髮的染髮劑碰到空氣之後，醋酸鉛便會與硫發生作用而變成黑色的硫化鉛留在頭髮上，硫化鉛不會溶於水，所以重複使用便可恢復看似年輕的烏黑亮麗的頭髮了。好在這些染髮劑的鉛含量很少，通常低於百分之一，據研究指出，這些鉛並沒有從頭髮進入血液中。

　　鉛可作為塗料如鉛黃（鉻酸鉛）、紅鉛（氧化鉛）、白鉛（鹼式碳酸鉛），鉛字印刷就是鉛與其他金屬混合，油漆塗料或剝落的油漆中含有很高量的鉛。以前會使用四乙基鉛改善汽油的燃燒效率，避免汽車引擎的爆震，在使用無鉛汽油之前，汽油的四乙基鉛曾是環境中鉛的主要來源。因為環保的問題，現在都使用無鉛汽油。鉛及鉛化合物因有增白或調色的作用，常被過量添加於化妝品中；我國化妝品衛生標準中，鉛的上限濃度為

20 ppm。

　　鉛筆的筆心含鉛嗎？那不是鉛。而是石墨（graphite），石墨是碳的一種型式，和鑽石都是屬於純碳的化合物，只是碳原子的排列方式不同而已。鉛筆的鉛是在外表的鮮豔的漆裡面，因此小孩子沒事不要咬鉛筆，因為上面的橡皮擦含有塑化劑，外殼含鉛。

主題七　　有志難「砷」

　　最近阿豆吵著要去速食店吃漢堡，阿明和小潘潘都不想去，阿明就說：「聽說最近速食店的油有點問題，聽說有含砷，我們還是過一陣子再去吃！」

臺灣速食店炸油事件【2009-06新聞】

　　爆發於 2009 年 6 月，起因為檢測速食業者使用的食用炸油，並獲得用油品質不合格的結果。之後，並在後續檢驗中，發現速食店用油含高出標準甚多的砷。

　　砷（Arsenic, As）介於金屬和非金屬之間，算是一種類金屬或準金屬，它主要來自於兩種礦物：雄黃（As_4S_4）和雌黃（As_2S_3）。白砷就是三氧化二砷，白色晶狀粉末化合物，可作為除草劑和殺蟲劑。砷中毒死亡者的症狀與死於肺炎的症狀類似，砷會引起烏腳病，曾用於治療多種皮膚病及阿米巴痢疾。砷分為有機與無機兩類，後者較毒，但食品中所含的砷多為有機砷。有機砷對人體毒性小、容易排出體外，但無機砷攝取過量會有噁心、嘔吐、腹痛或血便等症狀，長期暴露致慢性中毒，會罹患膀胱、肺及皮膚癌。砷在半導體材料的應用是非常重要的，當在鍺和矽等半導體材料中加入砷可製成電晶體，另一有名的例子是砷和鎵合成砷化鎵

（GaAs），可用於生產發光二極體。

在中國有「銀針試毒」的傳說，古時候所說的毒藥砒霜就是三氧化二砷（As_2O_3）。電視劇中的古裝劇常常上演古代皇帝因為怕死，怕在用餐時被下毒，所以吃飯前一定要先用銀針或銀筷插入食物中測試，如果銀針沒有變黑，就可以安心地食用。這是因為古代人利用雄黃製備砒霜，但因煉製技術不好，所以製成的砒霜會殘留硫化物，若將此毒物加入食物中，銀針會與殘留的硫化物產生黑色的硫化銀（Ag_2S），因此銀針會變黑並不是因為砒霜的毒性，而是因為古代的砒霜中含有硫化物的緣故。銀針試毒的可靠度是非常低的，因為含有硫的毒物不是很多，對於大部分的毒物而言，銀針都試驗不出毒的。所以同樣的道理，下次去洗硫磺的溫泉時，最好不要攜帶含銀的飾品囉。另外將銀針直接插到煮熟的蛋黃裡面，也是可以使銀針變黑，但是蛋是沒有毒的，同樣是因為蛋黃含有豐富的硫化物（來自於蛋白質）的關係。

Q1： 在古代歐洲有一種說法，只要用一枚銀幣就可以延長鮮奶的保鮮期限，是真的嗎？

A1： 銀幣可以釋放出少量的銀離子，文獻已經證實少量的銀離子是可以殺死細菌的，而且種類高達六百多種，這是因為鮮奶中的細菌是屬於單細胞微生物，銀離子可以滲入其細胞膜，然後與其蛋白質中的硫醇（SH）結合而使蛋白質變性，最後造成細菌死亡，達到殺菌的效果，所以這是真的。唯一要注意的是現代的銀幣或銀飾，在其表面都會鍍上一層含有銠的鍍膜，以防止氧化並維持光澤，這層鍍膜會阻擋銀離子的釋放，所以要先將這層鍍膜磨掉，銀幣才會有殺菌的效果。

主題八　「鎘鎘」不入

　　民以食為天，阿明喜歡吃白飯，但是他不清楚吃什麼米，有一天他問小潘潘，小潘潘回答說：「別擔心，我買的米都是經過數百種的檢測，絕對不是鎘米。」阿明心想那就好。

從鎘米事件　看鎘中毒【2011-06新聞】

　　近年來臺灣已發生數過起的「鎘米汙染」意外事件，廠商生產的鎘汙泥未經處理，直接埋入地下，日經月累鎘滲入土壤或水，形成鎘汙染，就會被動物誤食、植物吸收，而造成鎘中毒。

　　鎘（Cadmium，Cd）是地球表面中自然存在的一種重金屬元素，在工業上的用途，主要是用來製造鎳鎘電池和染料，並可作為電鍍金屬、化工業、電子業、染料、塗料色素和塑膠製造的穩定劑等。鎘在週期表上是介於鋅與汞的二價重金屬，但鎘非人體所需，卻因生態環境中不存在分解的可能，鎘汙染會因累積作用，造成鎘中毒。

　　鎘會模仿鋅在酵素中的功能，半磅的漢堡含 0.03 毫克的鎘，過量鎘堆積在腎臟，則會造成腎小管損傷，甚至造成腎衰竭，鎘的半衰期是30 年，可以說會伴隨你一生，與你常相左右。鮮豔的卡通圖案可能含有鉛和鎘，作為安定劑如硬脂酸鉛和鎘，恐會影響腦部和骨骼的發育。臨床上鎘中毒的早期症狀，包括有噁心、嘔吐或腹痛。因為鎘不僅會破壞神經系統，亦會讓全身骨頭酸痛，因而稱之為「痛痛病」（Itai-Itai syndrome）。1940 年代，日本就查出原來農田灌溉區上游有礦石冶煉廠，排出含鎘汙水，居民長期吃下鎘米，而導致全村村民很多人得到痛痛病。

主題九　「錫錫」相扣

　　阿豆的汽車玩具壞了，就叫阿明幫他修，阿明一看原來是一個焊接點鬆脫了，於是拿起焊槍和焊錫修起來，阿豆說：「爸爸你好厲害，汽車會動了。」小庭就問說：「剛剛爸爸手上拿的灰灰的東西是什麼？」阿明答說：「那是錫，稍微熱一下它就變軟了，但是你如果把它冷凍起來，又會變得脆脆的。」小庭心想化學真是太神奇了。

> ### 香山海岸遭汙染　貝類變性【2011-05新聞】
>
> 　　研究發現香山海岸的環境賀爾蒙已經質變，有百分之九十的母蚵岩螺，長出雄性器官。造成環境海岸賀爾蒙質變的外在因素，有重金屬、農藥或有機錫物質。其中三丁基錫是最大致因，有機錫會導致貝類等生物體性錯亂，雌性貝類長出雄性器官，被認為是造成族群減少的主要原因。

　　錫（Tin）的元素符號為 Sn，約在西元前 1580 年古埃及的古墓就發現錫環，西元前 320 年古希臘哲學家就常用馬口鐵，就是在鐵上表面鍍上一層錫，錫是非常實用的焊接材料，錫罐可以用來保鮮肉類。據說當年 1812 年拿破崙攻打俄國莫斯科時，屢攻不下，後來到了冬天，更是敗得一蹋塗地，原來是當時士兵軍服的鈕釦是用錫做的，錫有一些同父異母的兄弟，本來在鈕釦上的是「白錫」，白亮晰晰的，但在天寒地凍的俄國，當氣溫低於 13°C 時，這些鈕釦就變成了「灰錫」，很不巧的，灰錫是很脆的，所以士兵軍服的鈕釦都脆掉了，士兵冷得要死，你叫他怎麼打仗呢？所以要是拿破崙懂化學的話，知道錫會有相變化的問題，或許歷史就要重寫了，不過也有人質疑一顆鈕釦竟有此改變歷史的威力，未免言過其實太誇張了，不過從化學的角度來看，確實讓我們學到寶貴的一課。錫的

相變化如下所示：

白錫（white tin） $\xrightarrow{<13\,^{\circ}\text{C}}$ 灰錫（grey tin）
（穩定） （易脆）

　　以前有些錫的有機化合物用作船舶的防汙漆，可避免海中貝類附著在船身，雖然它的毒性不高，卻對一些海中生物如蠔有致命的危險，所以現在已經漸漸地被淘汰了。常見的有機錫如二丁基錫和三丁基錫會影響中樞神經系統、皮膚、肝臟、免疫系統與生殖系統，恐會致癌與基因突變。通常重金屬碰上有機的東西都是很可怕，像有機汞、有機鉛和有機錫都是這樣的例子。

主題十　　引以為「銻」

　　現在加油都會有贈品，阿明就選了寶特瓶裝的水，心想放在車內，出去遊玩的時候可以喝，有一次天氣酷熱好幾天，阿明正想拿水起來喝，小潘潘阻止說：「你這寶特瓶裝的水放在車內太久了，小心被太陽公公晒出毒素。」阿明心想喝個水有這麼嚴重嗎？會不會只是老婆小潘潘在危言聳聽呢？

寶特瓶裝熱水　學童喝水反受毒害【2011-06新聞】
　　塑化劑風暴影響，校園近日多推動喝開水運動，以往校用開飲機小朋友較少用，如今則常見排隊人龍，不過有學童竟使用飲料寶特瓶空罐裝溫水，恐使重金屬銻溶解於水中，反而更可能喝到「毒水」。

　　銻（Antimony, Sb）的化學性質與鉛相似，也是一種具有潛在毒性的

微量元素。銻是 18 世紀治百病的仙藥靈丹，吐酒石是銻鉀酒石酸鹽，可當作催吐劑。音樂神童莫札特有憂鬱症，他曾告訴他太太有人要毒害他，因為他的病情，所以他服用多種藥物，後來他債台高築，最後就不清楚死於何種疾病。後來人們才了解莫札特可能死於銻中毒，因為當初銻被當作是一種抗憂鬱症的處方，而且他的症狀和銻中毒者完全一樣，小劑量會引起頭疼、噁心、暈眩和沮喪，高劑量則可能致死。

現在寶特瓶製造時需要加銻當作反應的催化劑，數年前德國學者研究發現，以寶特瓶當容器，高溫下會釋放出致命的重金屬銻，導致細胞的染色體受損，引起噁心、嘔吐、頭昏，長期恐對心臟、肝臟造成傷害，甚至害孕婦流產。因此不建議用寶特瓶裝熱水，因為銻將被釋出而溶解於水中，就算常溫水，也可能因日照導致毒素溶解，不建議長期用寶特瓶裝水，雖然國內寶特瓶含銻量低，不過專家仍提醒謹慎為上，更要避免喝到日晒瓶裝水。嬰兒的床墊曾經加入氧化銻使得床墊耐火。

主題十一　「鉻」自作「鎳」

阿明的爸爸自從得糖尿病之後，阿明特別注意他的飲食，有一次看到電視廣告說：「此營養品提供糖尿病患完善的飲食，有特別加『鉻』。」阿明心想有沒有聽錯，鉻跟糖尿病有什麼關連呢？

既然要注重飲食，廚具的好壞很要緊，小潘潘於是想更換家中的廚具，並想用不鏽鋼做檯面，因為不鏽鋼很耐刮，阿明心想也對，但是不鏽鋼有很多種，到底是要 304 或 201，一直拿不定主意，不過阿明心想這些數字跟不鏽鋼的含鎳量應該有關係。

農地重金屬超標　毒米恐下肚【2012-02新聞】

臺中農田被驗出遭鎳、鉻重金屬汙染，環保署研判，汙染來源是周圍工業區工廠排放廢水汙染到農地灌溉渠道，導致農地汙染。

　　糖尿病是一種慢性新陳代謝疾病，長期處於高血糖狀態下，使得體內氧化壓力增加。過量產生的自由基會造成細胞內糖化終期產物的生成增加，高血糖也會容易導致併發症。有證據顯示，如果缺乏鉻（Chromium, Cr），可能會與人們利用葡萄糖的能力有關，而糖尿病患就是身體失去調控葡萄糖的能力，鉻有調節血糖的能力，因此適當在食品中加入鉻是針對糖尿病患設計的。含鉻比較多的食物包括生蠔、牛肝、蛋黃、花生、葡萄汁和麥芽等。如果是工廠鉻汙染廢水排放到農田，農夫在耕作時經呼吸和皮膚接觸，會腐蝕呼吸道和造成皮膚發炎等症狀。遭鉻汙染的稻米被人體食用，會造成腸胃病變，隨尿液排出時影響泌尿道系統。值得一提的是，常見的鉻離子有兩種狀態：六價鉻與三價鉻；六價鉻的毒性高，三價鉻的毒性相對低很多，在大量口服暴露六價鉻時，則可能對人體產生腸胃道刺激、潰瘍及貧血等毒性。在以前利用重鉻酸鹽碰到酒精所產生的顏色變化來作判斷是否酒醉駕駛的依據。

　　大部分的鎳（Nickel, Ni）化合物是沒有毒性的，但有些會引發肺癌、咽喉腔的癌症，也會造成皮膚過敏，長紅疹、蕁麻疹等，有小動物實驗結果指出會造成腎、肝和內分泌病變，或影響神經系統。鎳被認為會致癌的原因是它會取代鋅和錳在 DNA 聚合酶所扮演的角色，而形成錯誤序列的 DNA。有些人會對鎳特別敏感，在很多歐洲國家規定，珠寶中的鎳含量不得超過 0.05%，因為鎳被視為過敏原。鎳是不鏽鋼的成分之一，大部分的鎳都拿來做不鏽鋼，不鏽鋼約含 74% 的鐵、18% 的鉻和 8% 的鎳，不鏽鋼 201 與 304 材質最重要的差別在於鎳含量不同，不鏽鋼 304 是屬於鎳鉻系不鏽鋼，因為含鎳 8%，所以具有較佳的抗腐蝕性，而不鏽鋼 201 是屬於鎳鉻錳系不鏽鋼，屬於低鎳（2% 以下）的不鏽鋼，鎳不足的部分以錳作為替代的元素，因此易風化且質地較脆。外科手術所用的手術刀則是不鏽鋼 605 以上的系列。另外，鎳鎘電池可以重複充電一千多次，但是這種電池中的鎘會造成環境汙染的問題。鎳還可以和鋁形成所謂的超

級合金，可以耐高溫到一千多度，適合用在火箭和噴射引擎。

主題十二　「錳」過頭的不鏽鋼

超「錳」不鏽鋼餐具【2013-10新聞】

　　國內再爆「超錳」不鏽鋼餐具！臺北市衛生局公布針對市售不鏽鋼便當盒（碗）抽驗結果，在12件未標示不鏽鋼種類的產品中，檢出5件錳含量超過品質規定最高含量10%以上，衛生局提醒消費者，選購不鏽鋼一定要挑有標示「304（18-8）」、「430」等符號者。

　　不鏽鋼主要是以鐵、鉻、鎳、及錳等過渡金屬所組成的「合金」，其品質好壞取決於是否可能釋出所含的金屬，一般食品級的不鏽鋼常見的有所謂的 304、或標示為18/8 或 18/10（歐美編號）的等級；18/8的18指的是鉻的含量百分比，8指的則是鎳的含量百分比，其中鉻能形成氧化鉻的保護膜，因此可以防止不鏽鋼生鏽；鎳的特性是抗腐蝕性高、可以耐酸耐鹼，所以不鏽鋼304可能釋出的過渡金屬含量應該都很低，比較不致於危害人體的健康。

　　錳對於人體的影響主要可能在中樞神經系統，有可能會影響學習能力及行為，甚至導致類似巴金森氏症的表徵：基本上錳中毒的現象是手會發抖、面無表情、行動遲緩及肢體僵硬，但僅發生在相關作業的勞工。如上一節所述，200系列的不鏽鋼是屬於鎳鉻錳系不鏽鋼，屬於低鎳（2%以下）的不鏽鋼，鎳不足的部分以錳作為替代的元素，錳的價格相對於鎳要便宜許多，所以業者為了成本考量，多以錳替代，遂成200系列的不鏽鋼，但是很多相關不鏽鋼的產品都沒有做好標示，常以「高級不鏽鋼」或「特級不鏽鋼」混充，因此購買食用器具時要認清不鏽鋼材質的成分，便

可避免過量的錳對人體造成的不良影響。另外有些業者會混用這兩種不鏽鋼，所以也要注意器具之間有無焊接的痕跡，因為焊接可能含有更毒的鉛和錫。

Q2：用水蒸不鏽鋼餐盒，會不會溶出有毒的過渡金屬？

A2：因為水蒸的最高溫度是100℃，而不鏽鋼的耐熱溫度高出這溫度甚多，因此這樣的水煮方式應不致於溶出有毒的過渡金屬。但是有刮痕或產生顏色的，最好換新。

第十課 恰如其分的「關鍵金屬」

阿明小時候因為愛吃零食，所以滿口蛀牙，他切記牙痛的苦楚，所以現在每天都刷三次牙，最近不曉得是不是因為年紀大了的緣故，記憶力明顯比不上從前，小潘潘就提醒他：「你該不會刷牙刷到老人癡呆吧？」阿明一臉狐疑的說：「有那麼嚴重嗎？」阿豆冒出一句：「為什麼刷牙會老人癡呆？」阿明一時也答不上來，決定把它查清楚。

牙膏含鋁【2010-12新聞】

抽查市面上的牙膏發現，有部分牙膏含鋁量超標，醫生表示，若刷牙時誤吞含鋁牙膏，長期累積下來，恐導致失智和貧血。在牙膏中被驗出的「氫氧化鋁」，因具有抗酸、止血、保護潰瘍面的作用，常被用為清潔牙齒的研磨劑成分，但也可能引起便秘等副作用；若刷牙時誤吞含鋁牙膏，將可能導致失智症、貧血和骨軟化症等問題出現。

雖說鋁（Aluminum, Al）是地殼中含量僅次於氧和矽，排名第三的元素，但因為鋁的金屬活性很大，很容易和氧形成氧化鋁（或稱三氧化二鋁，Al_2O_3），這造成分離上很困難。在自然界中，以 1821 年發現鋁礦地區，法國的 Les Baux 命名 bauxite 的鋁礬土礦石最為著名，從鋁礦生產鋁

金屬比製造大部分的其他金屬還困難。在 1782 年，法國的先驅化學家拉瓦節認為金屬鋁為「與氧親和力強大，以致於無法以已知的還原劑來還原」。結果是無法製造得到純的鋁金屬。最後，在 1854 年，以鈉製備鋁金屬的製程被發現，然而鋁金屬仍舊非常昂貴稀有。

鋁的地位是今非昔比的，最近金價飆漲，但是在 1800 年代左右，據說當法國拿破崙三世邀請你到皇宮用餐，如果發現餐桌上全部是黃金餐具時，千萬勿沾沾自喜，這是因為你的身分地位還不夠重要，不配使用更好的東西。在當時，以「鋁」做成的餐具要比黃金珍貴的多。在當時鋁價格每磅是約十萬美元。

有一位教授評估認為，只要發現鋁的便宜製備方法者一定會賺大錢，這種想法終於在 1886 年有了突破，在美國的霍爾（Charles M. Hall）和法國的埃魯（Paull Heroult），兩人幾乎在同時開發實用的電解製程來生產鋁，他們發現將電流通過氧化鋁和礦物冰晶石（Na_3AlF_6）的熔融物可以製造出鋁金屬。異乎尋常的巧合是，他們兩人同年出生與去世，並幾乎是在同時做出相同的發現，此舉大大地增加鋁的可用性。氧化鋁的熔點是 2030℃，太高了以致於無法有效地電解成鋁金屬，當氧化鋁和礦物冰晶石混合之後，它的熔點會下降到 980℃，將強電流通入熔融的氧化鋁及冰晶石混合物之後，在陰極鋁離子可以獲得電子而被還原產生鋁金屬。注意，1886 年 Hall-Heroult 發現製程後，鋁的價格急劇下跌，這正是物以稀為貴的最佳寫照。電解生產的鋁純度是 99.5%。

日常生活常用的鋁箔包及鋁罐會是阿茲海默症（老人癡呆）的罪魁禍首嗎？阿茲海默症與老化有關，如酵素作用失調、遺傳缺陷、微生物的侵襲或金屬毒素。第一位阿茲海默症的患者是 51 歲的德國女性奧古斯特，她在 1901 年開始出現健忘、缺乏方向感等症狀，1906 年過世後將腦部捐給慕尼黑醫學院的阿茲海默做研究。為何懷疑鋁是阿茲海默症的元凶呢？原來是因為血液透析性失智症這種相似的疾病，發現其失智症病人腦部的

老人斑裡含有大量的鋁，但是最後在 1992 年牛津完成的研究證實阿茲海默症病人腦部並沒有鋁金屬的蹤影。所以鋁是否會造成阿茲海默症仍存在非常高的爭論。

　　牙膏是由摩擦劑、保濕劑、增稠劑、發泡劑、芳香劑、水和其他添加劑混合組成的膏狀物質。目前各種牙膏使用的摩擦劑各不相同，一般說來主要有以下幾種：碳酸鈣（$CaCO_3$）、二氧化矽（SiO_2）、磷酸氫鈣（$CaHPO_4$）、氫氧化鋁（$Al(OH)_3$）、碳酸鎂（$MgCO_3$）、滑石粉（Talc，$Mg_3(Si_2O_5)_2(OH)_2$，這是嬰兒爽身粉的主要成分）、二氧化鈦（TiO_2）等摩擦劑。摩擦劑的好壞可以反映牙膏的檔次。氫氧化鋁和磷酸氫鈣屬於比較高檔的摩擦劑，但用量較少；碳酸鈣的檔次則不如前幾種，但使用量大。一般而言，顆粒小的摩擦劑比較好，顆粒細一點對牙齒表面的損傷小一些。因為攝取過多的鋁有可能會影響鈣和磷的代謝，讓骨骼因此變脆，而導致骨質疏鬆而得骨軟化症。

　　話說小潘潘很擔心小庭和阿豆才沒幾歲，就滿口蛀牙，於是叫阿明給他們吃氟錠，阿明一看原來氟錠的成分很簡單，就是氟化鈉（NaF），每一片含有50毫克的氟化鈉，阿明心想氟好像是很毒的東西，還是刷牙徹底一點、少吃甜食比較實在。

　　氟是人體必須的微量元素，可以防止齲齒，含氟牙膏是添加了氟的化合物（以氟離子形式存在），如氟化鈉或單氟磷酸鈉。這是因為我們的砝瑯質的組成是Hydroxyapatite（$Ca_{10}(PO_4)_6(OH)_2$），其中的OH可以被氟離子所取代而變成$Ca_{10}(PO_4)_6(F)_2$，這就如同在牙齒的表面形成一層的保護膜一樣。一般牙膏含有百分之0.1的氟化物（1000 ppm），單氟磷酸鈉的毒性比氟化鈉低，但小孩子的牙膏應含有百分之0.05的氟化物，因為小孩子比較容易把牙膏不小心吃下去。

主題二　胃痛的救星「制酸劑」

　　留學的生活很難熬，還好阿明去美國留學，碰到 Francis，他是一位 ABC（美國在地出生的華裔），他們兩人一起加入一位女魔王的實驗室，女魔王每天心情起伏不定，Francis 每天早上跟女魔王聊一下天，就知道老闆女魔王今天心情的好壞，後來阿明發現 Francis 桌上擺了一罐裝有粉紅色的液體「Magnesium milk」，就問 Francis 那是什麼東西，Francis 說這是胃藥，他每天做實驗壓力很大，常常胃酸過多。

服制酸劑當心併發腸胃感染【2011-10新聞】
　　常吃胃藥、服用制酸劑，要留意消化道感染風險。研究指出胃酸可抑制胃部細菌孳長，因此服用制酸劑的患者容易出現腸胃道感染併發症，死亡風險也較高。

　　人體之胃酸正常的酸鹼值（pH 值）是 1.5，由於食物的刺激，胃分泌太多胃酸，造成胃酸過多現象，需要使用鹼性的制酸劑來個酸鹼中和。常見制酸劑有氫氧化鋁（$Al(OH)_3$）、氫氧化鎂（$Mg(OH)_2$）、碳酸氫鈉（$NaHCO_3$），都是弱鹼。一般的碳酸鹽如碳酸氫鈉、碳酸鈣或碳酸鎂雖然效果不錯，但會產生二氧化碳，容易造成肚子不適。氫氧化鈉（NaOH）可以當作制酸劑嗎？氫氧化鈉又稱苛性鈉，因為是強鹼，在還沒到達你的胃之前，可能就先將你的食道給灼傷了，所以氫氧化鈉是用來通馬桶和水管。當時 Francis 喝的「Magnesium milk」，其實是鎂乳，含有氫氧化鎂的制酸劑。

　　如果鋁是阿茲海默症的元兇，照理講服用制酸劑氫氧化鋁，應當是老人癡呆的高危險群，而事實上並沒有證明有此關連，這或許是因為這些制酸劑氫氧化鋁是吃到胃裡，很快就排泄掉了，並沒有太多的時間可以經過

血液的傳輸到達我們的腦部貯積。我們也應該回過來想一想，地球的地殼含有這麼豐富的鋁，如果它是對人體有害的話，那我們只能說地球實在太毒，而我們人類還能存活在地球這麼久，不也算是一項奇蹟嗎！

主題三　打破「鋁鍋」問到底

阿明有一個鋁作為內鍋的電鍋，燉起東西來很方便，有一天小潘潘跟吐槽他：「聽說鋁鍋會溶出鋁，小心以後你老年癡呆！」阿明心想，鋁的熔點不是蠻高的嗎？怎會這麼輕易就跑出來呢？

中秋烤肉　不鏽鋼架最安全【2011-09新聞】

中秋烤肉樂趣多，但使用烤肉架大有學問。烤肉架選擇不鏽鋼材質較安全。一般的烤肉架都是電鍍金屬材質，一旦烤肉網接觸酸性物質，金屬成分便會溶出，易與食材一起吃下肚。民眾用鋁箔紙包裹食材燒烤時，也要小心避免與檸檬汁等酸性調味料接觸，以免溶出鋁。

鋁鍋質地很輕、傳導熱快且均勻，但是因為鋁是所謂的兩性元素，鋁可在酸性或鹼性的條件中進行反應，因此如果將鋁鍋用來煮太酸或太鹼的食物如酸菜、酸辣湯、滷肉、醬菜、檸檬汁、番茄醬、酸辣湯等是有可能將鋁溶出。如果只是單純的用鋁鍋蒸一些不是太酸或太鹼的食物，應該不會有太大的風險，因為鋁的熔點是很高的。如果仍擔心的話，不鏽鋼鍋和陶鍋是比較好的選擇。

主題四　「鋁」創驚奇

　　小庭想吃餅乾，就問小潘潘可以不可以，小潘潘就把這棘手的問題推給阿明，阿明就說：「我幫你看一下它的成分好了。」結果一看發現有「明礬」當作膨鬆劑，小潘潘很好奇：「明礬是什麼？跟你阿明有關係嗎？」阿明一時被考倒了，趕緊找資料和新聞報導。

> **鴨血「加明礬」增爽脆感　吃多恐致鋁中毒【2015-02新聞】**
>
> 　　市面上的鴨血可能不是純鴨血，可能以豬血混充，增加爽脆口感，還有業者會加人工添加物明礬，吃多了明礬鴨血，小心傷身體。
>
> **泡皮革用碳酸氫銨和銨明礬泡海帶　吃下肚傷肝腎【2015-03新聞】**
>
> 　　業者將海帶原料浸泡在添加工業級「銨明礬」（硫酸鋁銨）及工業級「碳酸氫銨」的溶液中，以加速製程。但因為是使用工業級的原料可能含有鉛及砷等有毒重金屬。

　　生活中還有很多東西都跟鋁有關，人見人愛的燦爛輝煌的寶石就是氧化鋁中摻雜有微量的其他金屬，如加鐵變黃寶石、加鉻變紅寶石、加鈷變藍寶石。另外過濾飲用水的最普通方法，就是往水裡加些明礬。明礬是無色的結晶體，很像冰糖。明礬學名為硫酸鋁鉀（aluminium potassium sulfate），其化學式為$KAl(SO_4)_2 \cdot 12H_2O$，它是由硫酸鉀與硫酸鋁混合組成的複鹽。明礬到了水裡，硫酸鋁水解時，就生成白色膠狀的氫氧化鋁沉澱。所以加了明礬之後淨水時，氫氧化鋁的膠狀沉澱會像漿糊一樣，因其黏性很大，它在水裡漂浮，一路上把泥沙、灰塵之類的髒東西全吸附起來，最後沉到水裡的底部。只要過濾一下，水便清潔溜溜了。食品添加物方面也常見明礬作為膨鬆劑的使用，如餅乾、油條、零嘴或是口香糖中的

膨鬆劑，可能都含有明礬的成分，即使有添加明礬，對人體也並不會造成傷害。如果是銨明礬的話，則將鉀離子改成銨離子即可，所以銨明礬的化學式為$NH_4Al(SO_4)_2 \cdot 12H_2O$。話說碳酸氫銨和銨明礬都有分工業級及食品級的，不肖業者使用工業用的碳酸氫銨和銨明礬，因為沒有經過精煉過程，比較擔心的是這些原料可能會含有砷鉛等重金屬的問題。

　　鋁是一種很軟的金屬，但是它只要跟鎳在一起形成合金，就會變成無敵超人的超級合金，非常的堅固耐用。止汗劑、除臭劑亦含有鋁的化合物如氯化鋁（$AlCl_3$），但科學家懷疑經常使用止汗劑，可能會增加乳癌的風險。空氣中的酸雨也會將土壤中的鋁溶出來，還記得剛剛說過的嗎？鋁會溶於酸性溶液中，但人體對鋁的吸收能力並不強，食物當中大概只有0.1% 的鋁會被吸收，所以其實不用太杞人憂天。

Q1：鐵容易生鏽，為什麼鋁窗不容易生鏽？

A1：金屬生鏽，實際上都是被空氣中的氧氣氧化了。鐵器生鏽後生成氧化鐵 $Fe_2O_3 \cdot nH_2O$，但由於鐵鏽是疏鬆的、脆脆的，氧氣可以繼續乘隙進入。但是鋁卻不然，鋁很容易與氧作用形成氧化鋁。因為氧化鋁不會溶於水，這層氧化鋁緊緊地貼在鋁的表面，形成一層保護膜，可以防止裡頭的鋁繼續與氧氣作用，所以就不會再生鏽了。

Q2：鋁罐、鋁箔包、鋁箔紙為什麼要回收？

A2：由礦物所生產一公噸的鋁約需要 16000 千瓦小時的電能，但處理回收的鋁每一公噸只要消耗 700 千瓦小時的電能，因此回收鋁不但可以減少垃圾，也可以達到資源再利用。

主題五　如「鉀」包換的「鉀鹽」

小潘潘的廚房裡有各式各樣的鹽，如礦物鹽、海鹽、精鹽等等，不一而足，有一天她問阿明：「這些不同的鹽到底有何不同呢？」阿明心想食用鹽的成分不就是以前學過的氯化鈉，怎麼還會有這麼多的名堂呢？

低鈉鹽含高鉀　9成民眾不知【2012-02新聞】

很多市售低鈉鹽雖標榜低鈉成分，卻是使用 30% 至 50% 不等的鉀來取代鈉，由於鉀離子的排泄 90% 是靠腎臟執行，對於有腎臟疾病或腎功能不佳的民眾來說，攝取這類產品，不但造成患者腎臟負荷，還會引起高血鉀，使病患肌肉無力、心律不整，嚴重時還會危害生命。

吃香蕉傷筋骨？醫生駁斥【2011-10新聞】

老一輩的人往往認為，香蕉對筋骨不好，其實香蕉對筋骨並沒有影響，有高血壓的人，應該多吃香蕉，因為它可以降低高血壓與中風機率。但萬一有些腎臟方面的疾病，就不能多吃香蕉，以免體內鉀離子過高，導致抽搐出意外。

洗腎婦喝綠茶成癮　邊洗邊喝險喪命！【2011-10新聞】

竟然有人喝綠茶，喝到差點喪命！一名婦人洗腎 1 年了，卻不知節制，幾乎每天喝綠茶，還邊洗腎邊喝，結果因為綠茶含有豐富的鉀離子，洗腎婦人代謝不良，血中鉀離子高達一般人的 2 倍，讓她心跳緩慢、心律不整，差點喪命。

奇異果降血壓！　美研究：比蘋果強【2011-11新聞】

有句話說「一天一蘋果，醫生遠離我」，是否要改成一天 3 顆奇異果呢？研究顯示，一天吃 3 顆奇異果對血壓的效果比一天吃一顆蘋果來得好；原因是奇異果內鉀離子豐富，因此橘子、葡萄、哈密瓜和香蕉，也都是不錯的降血壓水果。

我們日常生活所吃的鹽就是氯化鈉（NaCl），第八課不是說過氯大多不是什麼好東西嗎？那我們還天天吃含氯的鹽，豈不是在找死？原來是一種元素可能有多種狀態，先前所講的氯是以氯氣分子（Cl_2）的形式或者是反應性高的氯原子型態存在，鹵素族的元素如氯原子（Cl·），它很渴望得到一個電子，就好像一個人渴望愛情是一樣的，所以當氯原子得到一個電子之後它就變成氯離子（Cl^-），它是帶一個負電荷的，而我們所吃的食鹽中的氯就是氯離子，沒有毒的，這些氯離子和鈉離子緊緊地綁在一起，就是我們吃的鹽，當我們將鹽溶在水裡，氯離子和鈉離子這對情人就被迫分開，各自去找它們的新戀人，也就是水分子。

細胞膜的內外側有許多的鈉離子（Na^+）和鉀離子（K^+），它們在細胞內外側的濃度差異，使得這些離子可以合作幫助體液和細胞的調節，可以沿著神經纖維傳遞電子脈波。當你用更高的價錢去買所謂的海鹽，其實到達身體的胃之後，所有的鹽都是一樣的。現在標榜的低鈉鹽其實就是用氯化鉀（KCl）取代部分的氯化鈉，它們可以用百分之五十對百分之五十混合，鉀離子對一般健康民眾不會造成傷害，但腎臟病患者卻不宜多食用，因為鉀離子會增加腎臟負擔，讓病情加劇。綠茶對於正常人是健康飲品，跟蔬菜、水果、肉類及乾果一樣，都含有豐富的鉀離子，可以降低血壓，對高血壓、心臟疾病患者有幫助。高鉀的食物反而是有益健康，會降低血壓，一般的人吃高鉀的食物，即使多一點，也會排出去。由於鉀離子的排泄 90% 是靠腎臟執行，對於有腎臟疾病或腎功能不佳的民眾來說，攝取這類產品，不但造成患者腎臟負荷，還會引起高血鉀，使病患肌肉無力、心律不整，嚴重時還會危害生命。降血壓最重要還是低鹽的飲食，就是一個低鹽、高鉀、高纖維的健康飲食，來達到血壓的控制。香蕉和楊桃是兩種常見鉀離子含量較多的水果。

香蕉

楊桃

主題六　當我們「銅」在一起

　　小潘潘很喜歡銅雕的藝術品，有一次她看上一個非常漂亮的銅雕，就問一下阿明的意見，阿明二話不說，先看一下它的價格，果然貴得嚇人，他心想這下荷包又要大失血了，於是他急中生智，想了一個藉口說：「銅做的東西久了之後很容易生鏽，變得綠綠的。你看我們家的水晶燈的金框就含有銅，現在經過數年之後是不是也變得有一些綠？」小潘潘想想好像是真的，於是打消了購買的念頭。

> **抽驗稻米　重金屬未超標【2012-02新聞】**
> 　　針對媒體報導「農地重金屬超標，毒米恐下肚」一事，衛生署曾於疑受汙染農地採集十七件稻穀檢驗結果，稻穀中鉻、鎳、銅及鋅含量均未超過國內外農產品重金屬背景值，沒有食用安全問題。

　　大家都知道流血是紅色的，主要是因為我們的血紅素中含有二價鐵的關係，但是你可以想一想，哪些動物所流的血不是紅色的，而是藍色的？這些動物如蝸牛、蜘蛛和章魚，因為它們的血液是含血藍素，而不是血紅素，血藍素中的金屬離子是二價的銅離子。銅（Copper, Cu）對我們人體

裡的所有活細胞都非常重要，少量（幾毫克而已）的銅可以幫助酵素的作用，還記得在第二課中提過人體內的超氧化物岐化酶（簡稱 SOD），這種酵素可以將身體的活性氧逐漸分解掉，因為活性氧是一種自由基，會引發心肌梗塞、腦中風、癌症等疾病，而銅原子會與 SOD 這種酵素的活性部位結合，輔助達到分解活性氧的任務，因此銅是我們維持健康的重要元素，每天僅需要 2 至 5 毫克就夠了，但是如果太多的話反而會有毒性，因為銅會取代鐵和鋅在酵素中的功用，只要一下子吃進 30 克的硫酸銅，你可能就會一命嗚呼。血液中的銅會使阿茲海默症更為惡化。如果你喝到含銅濃度太高的水，你可能會產生嘔吐、腹瀉和胃抽筋等現象。美國自由女神像外表都綠綠的，主要是有一層「銅綠」，銅綠就是碳酸銅（$CuCO_3 \cdot Cu(OH)_2$）或硫酸銅（$CuSO_4$），是因為銅和酸雨接觸作用之後所形成的。

蜘蛛流的血是藍的

自由女神像的外衣

　　銅是生活中最常見的金屬，電線裡用的就是銅線。銅可以和某些金屬形成合金，這些合金常具有不錯的硬度與耐磨性。銅的合金如戰國青銅器，青銅是銅錫的合金，黃銅是銅鋅的合金，莫涅爾合金是銅鎳的合金，是一種耐蝕性高強度的合金。美國西部的賓漢銅礦場（Bingham Canyon

Copper Mine，Utah）在鹽湖城附近，外觀非常壯觀，已經開採變成一個大窟窿，聽說在太空梭從地球外看地球的話，好像地球破了一個大洞，這個大洞就是因為開採銅礦所造成的，它是世界上最大的露天銅礦場，連採銅車的車輪都比人還高。照片如下圖：

賓漢銅礦場

採銅車的車輪

主題七　間間「鎂」黛子

阿豆是個好奇寶寶，有一天他問小潘潘說：「為什麼葉子都是綠色的？」小潘潘回說：「因為它們含有所謂的『葉綠素』可以行光合作用，所以是綠色。」阿明這時候也來賣弄一下：「葉綠素含有鎂離子，這個鎂跟你前兩天吃的瀉藥是一樣的。」

吃富含鎂食物　或可防中風【2012-01新聞】
　　研究指出，食用許多綠葉蔬菜、五穀雜糧、堅果和豆子等富含鎂食物的人較不容易中風。從飲食攝取鎂的量，和中風風險成反比，特別是缺血性中風。1 個人每天只要多攝取 100 毫克鎂，缺血性中風風險就下降 9%。

胃粉和胡椒粉摻有碳酸鎂【2015-03新聞】
　　衛生局今年3月底查獲臺中一間供應胡椒粉、胡椒鹽、食用紅色色素原料的公司，疑以含有重金屬的工業用碳酸鎂。

　　鎂（Magnesium, Mg）是所有生物不可或缺的元素之一，它更是植物葉綠素分子的核心，如果沒有鎂的話，植物便無法行光合作用，你可以想像這樣的話會是怎樣的一個地球嗎？葉綠素的結構和我們的血紅素非常類似，比較不一樣的地方是血紅素的中心金屬元素是二價的鐵離子，而葉綠素的中心金屬元素是二價的鎂離子（Mg^{2+}）。我們不太會缺鎂，因為可以從我們吃的植物，或者從吃植物的動物肉類間接攝取。它是細胞外的陽離子，是酵素、肌肉和神經所必需的元素。大部分的鎂（約 70%）會存在我們的骨骼之中，鎂主要有三個功能，第一是透過細胞膜做調節動作，它也是酵素的一部分，可以幫助從食物中釋放出能量，我們需要它來製造蛋白質。其實葉綠素、血紅素和血藍素中的骨架結構是很類似的，唯一的差別在於其中心的金屬離子的不同，如下所示：

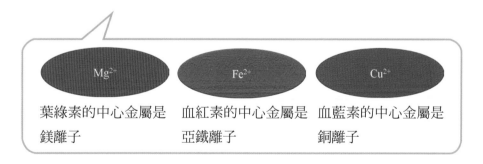

Mg^{2+}	Fe^{2+}	Cu^{2+}
葉綠素的中心金屬是鎂離子	血紅素的中心金屬是亞鐵離子	血藍素的中心金屬是銅離子

　　近年曾經報導知名廠商利用銅葉綠素將橄欖油加以調色（見於第四課主題九），這種含有銅葉綠素的橄欖油對人體危害很大，因為如前所述，

銅雖是人體所需的微量元素，但是如果經由每天的食用油攝取，可能很容易引銅過量造成的後遺症。

工業用的碳酸鎂的用途如體操、舉重及攀岩等運動員比賽時用來擦手用的防滑粉，有可用做製備化學試劑的乾燥劑和防火塗料。工業級碳酸鎂比較令人疑慮的地方，並不是在碳酸鎂本身，而是它可能所含的雜質如重金屬。對於腎功能正常的一般人來說，碳酸鎂溶於水會變成碳酸根離子和鎂離子，在人體有其需要，且能夠快速代謝掉的。但是對於腎臟不好的人，因為無法順利把鎂排掉，造成鎂在體內的累積而可能造成鎂中毒。鎂中毒會使中樞神經受到抑制，引發呼吸困難、心跳不整、血壓下降等症狀。

在先前的制酸劑曾提及鎂乳就是氫氧化鎂的溶液，瀉藥的主要成分是硫酸鎂（$MgSO_4$），早年攝影師利用鎂金屬燃燒所產生的光源當作閃光燈，所以稱為鎂光燈。水裡如果含有大量的鎂離子的話是苦水，聖經記載摩西帶了一批群眾，又飢又渴的，好不容易來到一個大水池，但是水卻非常的苦，難以下嚥，於是摩西請教耶和華，耶和華就指示他拿乾樹枝丟入水中，後來水真的就不苦了。原來是乾樹枝含有纖維素和木質素，會將水中的鎂離子吸附起來。煮綠色的蔬菜，久了之後顏色會變淡，主要是葉綠素中的鎂離子會因為蔬菜所釋出的天然酸性物質而溶出來的緣故，所以可加入一點小蘇打（$NaHCO_3$）來中和蔬菜所釋出的天然酸性物質，這和我們先前所講的魚香茄子是蠻類似的道理。以前醃漬蔬菜時常加一、兩個銅幣，這樣微酸性的環境會將銅離子溶出來一點，這時的銅離子可以取代葉綠素的鎂離子，使得蔬菜能保持鮮綠色。蔬菜水果、全麥、種子、堅果以及豆類（特別是黃豆），都是鎂的極佳來源。

主題八　「鋅鋅」向榮

　　小庭兩歲的時候成長曲線總是在 3% 以下，小潘潘很擔心小庭會不會生長遲緩，於是著急地叫阿明帶小庭去大醫院做徹底的檢查，既抽血又照 X 光的，讓阿明很心疼，檢驗報告出爐了，醫生說小庭的血液中的鋅含量是 93 微克，正常的話應該是 100 微克，偏低一點，於是開了葡萄酸鋅或硫酸鋅的藥；小潘潘連忙問醫生食物中哪些的鋅含量比較高呢？醫生答說牡蠣和豬肝都可以，不過小潘潘很躊躇，因為牡蠣不是有重金屬汙染嗎？豬肝不是有很多抗生素殘留嗎？真是不知如何是好。

> 《老年性聽力障礙》補充微量元素　促內耳血液供應預防【2011-07 新聞】
>
> 　　耳蝸內鋅的含量大大高於其他器官組織，老年耳蝸內鋅的含量明顯偏低，預防聽力障礙持續惡化，因此必須適量補鋅。含鋅豐富的食物有魚類、大豆、蘿蔔、白菜、海產品等。

　　鋅（Zinc, Zn）存在於多種酵素之中，扮演著非常重要的角色，尤其是控制人體成長、發育、壽命和生殖能力有關的酵素，有一些地區如中東，它的土壤含鋅太低，造成居住在這些區域的人出現鋅攝取不足的問題，而有成長遲緩的現象。現在標榜多種維他命 A 到 Z，其中的 Z 指的就是鋅。直到 1968 年，第一位缺乏鋅的病人才在伊朗出現，這位病人雖然已經二十歲了，但他的體重和性別發育，卻好像只有十歲小孩一樣，後來布拉薩醫生證明缺乏鋅才是發育不良的主因，他並寫了《鋅的生物化學》（The Biochemistry of Zinc），因此使他成為鋅新陳代謝方面的權威。

　　牛肉、羊肉和肝的含鋅量最高，生蠔和大部分的乳酪、麥麩、全穀類、葵花子或南瓜子都含有為數不少的鋅。所以每天早餐一碗以麥麩為主

的麥片粥似乎是一項非常不錯的選擇。成人每天的需求量約 15 毫克。

日常生活中的電子儀表中可鍍上硫化鋅當作磷光體，受電子衝擊時會發光，作為電視顯像管和電腦顯示器中陰極射線管的內表面塗料。透過電鍍在鋼表面上形成一層鋅鍍層，可以防止鋼的腐蝕，這就是所謂的白鐵。美國一分錢幣自 1981 年起主要由鋅製成的，在其表面上鍍有一層鋅。

主題九　「鋰」憂鬱遠一點

研究：長期超時工作　患憂鬱症風險增【2012-01新聞】

最新研究顯示，工作時間長期超時，尤其是每天超過 11 小時的人，罹患憂鬱症的風險上升。

防憂鬱症的食物【2008-03新聞】

研究指出，海魚中的 Omega-3 脂肪酸與常用的抗憂鬱藥如碳酸鋰有類似作用，能阻斷神經傳導路徑，增加血清素的分泌量。

鋰（Lithium, Li）是最輕的金屬，現在 3C 產品所用的鋰電池就是靠它，但是它在醫學上卻有其奇特之處，現代人生活壓力都很大，常常新聞報導又有人因為憂鬱症而跳樓。碳酸鋰（$LiCO_3$）在精神科臨床的應用其實相當偶然。在 1940 年初，氯化鋰曾取代氯化鈉，用於高血壓和心臟病患者，以降低這些患者鈉離子的攝入量，後來發現它具有毒性，所以於 1949 年放棄使用。1949 年，澳洲醫生凱德（John Cade）在研究憂鬱症的成因時，起初以為是尿液中的尿素所引起的，後來懷疑憂鬱症與尿酸有關，於是他抓天竺鼠當作實驗品，不過要進行動物實驗不太容易，因為尿酸在水中的溶解性很小，他用尿酸鋰來進行實驗，因為尿酸鋰是最易溶於水的尿酸鹽。結果發現，接受使用尿酸鋰治療的動物都變得十分溫馴和安靜，不會再有攻擊行為。經過進一步研究，他發現尿酸鋰中的鋰離子才是

關鍵所在，也因為他研究，在 1970 年代起正式將鋰引入精神科臨床用於躁狂或躁鬱症的治療。現在碳酸鋰已經是常見抗憂鬱症的藥物。不過鋰的可能副作用包括有雙手顫抖、愛昏睡、反胃、變胖和頻尿等。

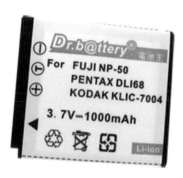

鋰電池

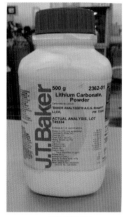

碳酸鋰

主題十　「硒」少不得的性愛元素

高「硒」豬肉　吃了助孕　提高性能力【2004-06新聞】

　　國內生物科技業者從國外引進一種新技術，將一種叫做硒的化學原料加入豬飼料裡，因為硒本身是個高抗氧化劑，所以吃了硒飼料的豬，就是所謂的高硒豬肉，一般人吃了高硒豬肉，可以幫助受孕，還可以提高性能力。

魚油、硒抗癌效果　動物實驗認同【2009-11新聞】

　　國內一項動物實驗研究發現，魚油和硒有防治癌症的效果，但是否在人體能發揮同樣效果？還有待進一步人體試驗證明。

硒（Selenium, Se）是地殼中含量極少，但分布廣泛的微量元素。它到七十年代才列為人體必需的微量元素。硒是人體必備的元素，硒在今日已經被當成健康補充劑，但太多太少都會出問題。1975 德州的艾瓦斯希（Yogesh Awasthi）發現硒是抗氧化酵素麩胱甘胱氧化脢的一部分，這種酵素會在過氧化物形成自由基之前，先行破壞過氧化物，一個酵素分子含有四個硒原子。1997 英國雷曼（Margaret Rayman）發現低硒攝取會造成不孕、癌症和心臟病。精子含有大量的硒，所以稱硒為性愛元素一點都不為過。硒的理想攝取量是每天 0.2 毫克，也就是 200 微克。最近醫學界發現硒有抗癌抗氧化力的功效，對於男性的攝護腺癌的發生可以減少 1/2 到 2/3 的效果。因此也被歸類為抗氧化的營養素，可以清除體內過氧化物，保護細胞和組織免受過氧化物的損害，所以可預防動脈硬化、心臟病、心肌梗塞、腦血栓等疾病。通常硒是存在於魚類、肉類與五穀中較多，早餐的穀類和麵包中獲得足量的硒，果仁其實更多。硒存在於許多的蔬菜中，其中以大蒜、洋蔥、小麥胚芽、奶油、全穀類或是海產類為最多。

硒的功能可以與其他的分子搭配而更有效用，典型的一例是和綠花椰和白花椰中的蘿蔔硫素（即異硫氰酸鹽），花椰菜是十字花科的蔬菜，實驗指出花椰菜中的蘿蔔硫素可藉由增加酵素的生產而提供對抗癌症的保護，這些酵素能夠吞噬傷害 DNA 的分子。研究已經證實，吃大量花椰菜中的蘿蔔硫素可以殺死幽門螺旋桿菌，即使這些細菌躲藏於胃壁細胞內。硒和蘿蔔硫素都有抗癌的效果，研究顯示兩者搭配食用，會有加成的效果，可以大幅增加人體去毒性的酵素。科學家亦發現蘿蔔硫素能抑制老鼠的胃癌。蒜有抗癌效果就是硒在起作用。

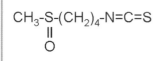

CH₃-S-(CH₂)₄-N=C=S
     ‖
     O

蘿蔔硫素

綠花椰菜

白花椰菜

國家圖書館出版品預行編目資料

毒家報導：揭露新聞中與生活有關的化學常識／
高憲明著.--四版.--臺北市:五南圖書出版
股份有限公司, 2018.10
面；公分
ISBN 978-957-11-9906-1(平裝)

1.化學　2.通俗作品

340　　　　　　　　　　　104014182

RE36

毒家報導——
揭露新聞中與生活有關的化學常識

作　　　者 —	高憲明（189.3）
發 行 人 —	楊榮川
總 經 理 —	楊士清
總 編 輯 —	楊秀麗
副總編輯 —	王正華
責任編輯 —	金明芬
封面設計 —	姚孝慈

出 版 者 — 五南圖書出版股份有限公司

地　　　址：106台北市大安區和平東路二段339號4樓

電　　　話：(02)2705-5066　傳　　真：(02)2706-6100

網　　　址：https://www.wunan.com.tw

電子郵件：wunan@wunan.com.tw

劃撥帳號：01068953

戶　　　名：五南圖書出版股份有限公司

法律顧問　林勝安律師

出版日期　2012 年 9 月初版一刷
　　　　　2015 年 9 月二版一刷
　　　　　2017 年 8 月三版一刷
　　　　　2018 年 10 月四版一刷
　　　　　2024 年 3 月四版二刷

定　　　價　新臺幣420元